思考致富

鑄造富豪的13級成功階梯

拿破崙・希爾◎著 夢瑤◎譯

前言

本書的每個章節，都涉及獲得財富的秘訣。經過我的仔細調查、分析，現在已經有許多富有的人因這些秘訣成就了自己的人生。

在我年輕的時候，安德魯・卡內基先生將財富秘訣傳授給了我。這位精神矍鑠的蘇格蘭老人，倚靠著椅子，目光炯炯地望著我。當他得知我已明白了他的教導以後，便詢問我是否願意用二十年或更長的時間以此秘訣幫助更多的人，使更多的人擺脫財務困境，獲得幸福。我答應了他，並在他的幫助下兌現了諾言。

卡內基先生的財富秘訣涵蓋了社會上的各個行業、領域，也接受了社會各界人士的實踐、考驗。他期望我做的是將財富秘訣更加充分地通過案例呈現出來，讓更多的人知道它、理解它、運用它。同時盡可能地將它帶進課堂，他認為，假如教授的方法正確，有可能為國家的教育系統帶來巨大的變革，學校教育將更加有效率，且能減少很多不必要的教學時間。

本書將講述一個令讀者感覺不可思議的故事：美國一家龐大的鋼鐵公司，竟然是由一個年輕人一手締造的。這個年輕人是卡內基先生早期的秘訣實踐者。這個故事會向你證明，這個秘訣適用於所有接受它的人。它的運用曾使查理斯・M.施瓦布先生獲得了財富和機遇。如果計算一下的話，這個秘訣為他帶來了大概六億美元的財富。

其實，所有認識卡內基先生的人都知道這些事情，這個故事也一定會使你有所啟發，但關鍵是你必須知道自己渴求的是什麼。

許許多多的人獲知了這一秘訣，並把它運用於實際生活中，以實現自我和夢想。有些人因它獲得了財富，有些人因它獲得了和諧的家庭生活，有一位牧師就曾憑藉它，取得了相當於現在七萬五千美元的年收入。

辛辛那提市的一位裁縫——亞瑟・納什曾運用此秘訣挽救了自己瀕於破產的生意，而且使業主也同樣獲得了財富。儘管如今納什先生已經不在人世，但他的事業仍舊欣欣向榮。對於他運用秘訣這件事，媒體曾爭相報導，這就如同為他的生意做了免費的廣告，這廣告的價值有可能超過一百萬美元。

德州的奧斯丁・威爾先生也曾獲知了此秘訣，他對此秘訣深信不疑，並為之放棄了自己的專業，改學法律專業。他是否因此而成功了呢？本書也將會具體地講述他的經歷。

我曾在一所不太有名的函授大學做廣告經理，親身見證了該大學的校長J. G.卓別林運用此秘訣，使拉薩爾函授大學榮膺美國優秀函授大學的光榮事蹟。

本書將上百次地出現「秘訣」這個詞，卻沒有關於這個秘訣的具體名稱。我怎樣給它命名並不重要，重要的是我將怎樣詳細地將它呈現，這樣才能使選擇接受它、並不斷進取的人充分地運用它，它才能充分發揮作用。正因為如此，卡內基先生當初傳授給我時也沒有給出具體的名字。

你可以在每一個章節裡找到它，但要想好好地掌握它、實踐它，最好有自己的方法，這樣才能使你獲益更多。

假如你曾經很沮喪，面對過棘手的困難，經歷過無數失敗，那麼本書中運用過此秘訣的人的經歷，會讓你忘記過去的失敗、困境、傷痛，對你來說，這秘訣就猶如久旱之甘霖，生命之綠洲。

第一次世界大戰時期，伍德羅．威爾遜曾運用這個秘訣訓練自己的士兵，他力圖使每一個士兵都能夠接受秘訣的指導。威爾遜總統曾對我說：「這個秘訣在我籌集軍費時，幫了我很大的忙！」

運用它的人會發現，此秘訣在實踐過程中有一個特異之處：它雖可以助你快速獲得成功，但你必須付出一定的代價。因為不勞而獲的事情是不存在的。

此秘訣還有一個特異之處：不能依賴他人，他人也無法替代你。它是錢財換不來，也買不到的，不理解它便無法真正掌握它。否則，你的所有付出就都會是無效的。而且此秘訣必須是循序漸進地去掌握，只有一部分問題解決了，其他部分才能迎刃而解。

運用此秘訣獲得成功，並不取決於你的教育程度，只要你去理解它、運用它，就可以獲得成功。湯瑪斯．A.愛迪生在我出生之前就已經熟諳這一秘訣，他雖然只接受過三個月的正規教育，然而他卻能夠運用此秘訣獲得成功，成為世界上屈指可數的偉大發明家。

愛迪生事業的得力助手——愛德溫．C.巴恩斯就曾受益於這個秘訣，並運用此秘訣為自己積累了巨大的財富。本書將就他的經歷進行較為詳細的敘述。他的故事一定會使你堅信：財富就在你身旁，無論你的境遇如何，它早晚都會屬於你。如果你為獲得成功和財富做好了充足的準備，並堅持不懈地努力下去，最終你肯定會收穫你想要的一切。

為了實現卡內基先生的願望和兌現我自己的諾言，我曾研究、分析了數百位確信自己財富的積累得益於卡內基先生的秘訣的成功人士。其中包括：

亨利·福特（Henry Ford）

哈里斯·F.威廉斯（Harris F. Williams）

小威廉·里格利（William Wrigley Jr.）

弗蘭克·岡薩拉斯博士（Dr. Frank Gunsaulus）

約翰·沃納梅克（John Wanamaker）

丹尼爾·威拉德（Daniel Willard）

詹姆斯·J.希爾（James J. Hill）

金·吉列（King Gillette）

喬治·S.派克（George S. Parker）

拉爾夫·A.威克斯（Ralph A. Weeks）

丹尼爾·T.萊特法官（Judge Daniel T. Wright）

亨利·L.多爾蒂（Henry L. Doherty）

約翰·D.洛克菲勒（John D. Rockefeller）

賽勒斯·H. K.柯帝士（Cyrus H. K. Curtis）

湯瑪斯・A.愛迪生（Thomas A. Edison）
弗蘭克・A.范德利普（Frank A. Vanderlip）
查理斯・M.施瓦布（Charles M. Schwab）
F. W.・伍爾沃斯（F. W. Woolworth）
希歐多爾・羅斯福（Theodore Roosevelt）
羅伯特・A.朵拉爾上校（Col. Robert A. Dollar）
約翰・W.大衛斯（John W. Davis）
亞伯特・哈伯德（Elbert Hubbard）
亞瑟・納什（Arthur Nash）
威爾伯・賴特（Wilbur Wright）
克拉倫斯・達羅（Clarence Darrow）
威廉・詹寧斯・布萊恩（William Jennings Bryan）
大衛・斯達・喬丹博士（Dr. David Starr Jordan）
威廉・霍華德・塔夫特（William Howard Taft）
斯圖亞特・奧斯丁・威爾（Stuart Austin Wier）

J.奧傑恩·阿莫爾（J. Odgen Armour）
伍德羅·威爾遜（Woodrow Wilson）
朱利斯·羅森沃爾德（Julius Rosenwald）
盧瑟·伯班克（Luther Burbank）
弗蘭克·克蘭博士（Dr. Frank Crane）
愛德華·W.博克（Edward W. Bok）
喬治·M.亞歷山大（George M. Alexander）
J. G.·卓別林（J. G. Chapline）
約翰·佩特森（John H. Patterson）
參議員詹甯斯·藍道夫（U.S. Sen. Jennings Randolph）
亞歷山大·格雷厄姆·貝爾博士（Dr. Alexander Graham Bell）
愛德溫C.·巴恩斯（Edwin C. Barnes）

這些並不是全部，只是美國成功人士或富豪中很小的一部分。這些成功人士的事例證明，只要你理解、運用了卡內基先生的秘訣，成功和財富便會屬於你。

接受秘訣的人都獲得了斐然的成績，而沒有接受的人或沒有好好理解、運用的人很難獲得成功，甚至可以說一無所獲。由此可知：和正規教育相比，秘訣更傾向於發揮個人本身所具有的能量。

那麼，什麼才是真正的教育呢？本書會一一作答。

在閱讀本書的過程中，有時這個秘訣會突然呈現在你面前，這時你一旦發現了這個秘訣，就要牢牢地抓住它，千萬不要半途而廢。無論是在本書的哪個位置發現了它，你都要認真地記錄它，因為你人生的突破口就是它。

請切記本書所講述的完全都是事實，絕無虛構的部分。本書的最終目的是：傳授一種顛撲不破的真理，涌過它使你明確自己該做什麼和如何去做。本書還會給你精神的鼓舞，從而讓你的財富人生有一個良好的開端。

那麼，怎樣才能掌握卡內基先生的秘訣呢？對此我有一個建議：成功與財富的源泉是你的意願。假如你選擇接受秘訣，那麼你已經成功了一半，而另一半一旦出現，你立刻就會認出它，擁有它。

——拿破崙．希爾

目錄

C·O·N·T·E·N·T·S

目錄

C·O·N·T·E·N·T·S

目錄

C·O·N·T·E·N·T·S

目錄

第
1
章

意念決定一切

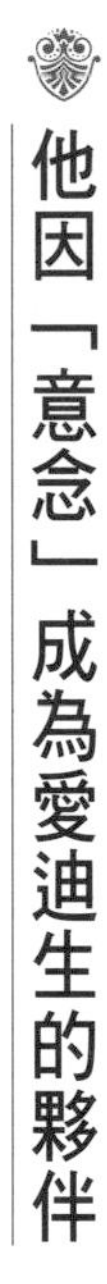

他因「意念」成為愛迪生的夥伴

「意志決定一切」，此言非虛。意志源於我們的思想，當我們的思想與夢想、恆心及獲得財富的強烈信念緊密結合時，思想便能夠發揮出更加巨大的力量。

多年前，艾德溫・巴尼斯就發現了這樣的真理：只要有獲取財富的思想，就能夠獲得財富！他的這個發現並非一朝一夕得來的，而是逐漸從實際經驗中發現的。當初他只有一個迫切的渴望：與偉大的發明家愛迪生成為合作夥伴。

巴尼斯的行動有一個顯著之處，那就是目標明確。他期望的並不是為愛迪生工作，而是與之合作。可見，要想更好地認知獲得財富的規律，就必須把握好將內心渴望轉化為現實的方法。

當我們內心的渴望形成時，便會有將其付諸行動的渴望，而採取行動的時候，困難當然也會擋在前面。首先，巴尼斯與愛迪生從未謀面；其次，他也沒錢買火車票去橘郡。

這或許會令許多人失望，從而可能放棄夢想，甚至連嘗試都不想去嘗試。況且巴尼斯的願望又是那麼不可思議。

發明家與「遊民」

巴尼斯想盡辦法才進入了愛迪生的實驗室，並一再宣稱自己是來和他合作的。

多年以後，愛迪生就與他首次見面的情況說道：「他站在我面前的時候，外表給人的感覺雖然像一個無業遊民，但他內心的堅強觸動了我。以我人際交往的經驗來判斷，我深信：一個人，如果其內心真正渴望做成某事，那麼他便會不顧一切地去實現它，並且，最終他也必將成功。因此我給了他機會，他以後的表現也證實了我的說法是正確的。」

巴尼斯之所以事業有了好的開端，並非是由於他的外表如何，關鍵在於他表現出了他的意志。意志決定成敗！

另外，在第一次見面時，他並沒有實現他的目標，只是有了一個成功的起點。他還沒有成為愛迪生的合作夥伴，只是在其實驗室中得到了一個薪水很低的職位。

幾個月以來，巴尼斯一直為自己的目標努力著，雖無太大進展，但他要成為愛迪生合作夥伴的信念卻不斷增強。

心理學家曾說：「一個人如果極其渴望去實現某事，那麼這件事就真的會實現。」巴尼斯就因為與愛迪生合作的渴望非常強烈，從而為此積極準備著，直至實現他的目標。

巴尼斯從不會灰心地對自己說：「算了吧，還是放棄吧，我還不如去做推銷員呢！」

他總是堅定地對自己說：「我一定要與愛迪生成為合作夥伴，不達目的，誓不甘休！」

他在這個清晰而明確的目標引導下，始終如一地堅守著。當時的巴尼斯或許並不懂得這些道理，他的堅持、努力、毅力，必然會為他消除所有的阻礙，給他帶來機遇。機會來臨時，並不是所有人都能夠準確預料到的，包括巴尼斯。因為機會是一個狡猾的東西，它總是依靠厄運或失敗等令人失去信心的事物進行偽裝。我們也常常因此而迷惑，失去機會。

有一次，愛迪生發明了一種辦公用具——口授機，他的銷售人員對此並不感興趣。當巴尼斯得知以後，他意識到機會來了，千載難逢的機會來了，而機會就潛藏在這個奇怪的機器中。

於是巴尼斯向愛迪生提出銷售這台新機器的請求，愛迪生爽快地答應了。巴尼斯最後成功銷售了新機器，愛迪生還與他簽約，讓他負責新機器的全國銷售。

在這次成功的商業合作中，巴尼斯不僅獲得了財富，還向人們證實了「思考能夠致富」這個真理。

巴尼斯因當初的夢想而得到多少物質財富，我無從得知。但相較於智慧財富，那些物質是多麼的無足輕重、微不足道啊！他獲得的智慧財富是：認真思考、尊重規律或原則、果斷而切實地行動，而這些必然能夠化為物質財富。

巴尼斯就是靠著自己的信念，與偉大的愛迪生成了事業夥伴，而且靠信念發財致富。他除了擁有知道自己想要什麼的信念和不達目的不甘休的意志外，可以說他是白手起家。巴尼斯就是憑藉著自己的堅強信念，才成為偉大發明家愛迪生的合作夥伴，也正是這信念為巴尼斯帶來了財富。可他當初僅僅擁有兩種東西：知道自己想要什麼的信念，和不達目的誓不甘休的意志。

功虧一簣的「三英尺」

造成失敗的普遍原因是：人們常常因暫時的困境而退卻。這樣的錯誤幾乎每個人都會犯。

達比因淘金熱的風靡，也趕往西部淘金，當時的他還從來沒有聽說過「人類思想裡的黃金遠比地下的黃金豐富」。他到那裡之後，挑選了一塊地，就用鐵鎬和鐵鍬忙活了起來。

努力刨挖了數周之後，他終於發現了許多金光閃閃的礦石。礦石多得只能藉由機器才能把它們開採出來。於是他回到故鄉，將這一好消息告知了他的親人，大家幫忙湊錢買了機器，並把機器運到礦上。

第一車礦石開採出來後，送到了提煉廠。後來經證實，他們發現的礦藏是科羅拉多州最豐富的金礦之一。再開採幾車金礦他們就可以償還所有債務了，以後開採的金礦都會是利潤。

達比和所有的人都滿懷期待地望著挖掘機越挖越深。不久，奇怪的事情發生了。金礦竟然消失了。他們全都驚呆了，為了想找回礦脈他們拼了命地挖，但最終仍是一無所獲。

達比他們最終選擇了放棄，將機器賣給廢鐵收購者，就乘火車回去了。而廢鐵收購者請來一名礦業方面的工程師來查看到底是怎麼回事。依據工程師的推算，此處的表層為假礦脈，真礦脈就在達比他們停手挖掘之處地下三英尺的地方。廢鐵收購者果真在那裡找到了巨大的金礦。

廢鐵收購者最終因金礦淨賺幾百萬美元。一切都因為他知道在自己不懂的時候，可以求教於他人。

他人說「不」時仍要堅持

在以後的歲月中，達比從事著人壽保險的工作，並從中發現：為把意願轉換成黃金而付出的代價或損失，遠遠少於你得到的利益。

達比深深記得，他就是因區區三英尺的距離而失去了得到巨大財富的機會，其實他也因這次教訓而收穫頗多。他的保險業務做得很出色，他的方法很簡單：他人說「不」的時候，他也不會放棄。

他是保險公司裡屈指可數保費收入達幾百萬美元的業務員之一，他完全接受了上次的教訓，懂得了堅持。

對於大部分人來說，成功是來之不易的。在成功之前往往有困難、挫折、失敗等，如果你不想成功的話，只有一條路可走，那就是放棄。

全美最成功的五百位人士告訴了我同一個道理：成功在哪裡？它就在失敗的不遠處。失敗經常扮演一個在人們即將成功時搶奪他的成功的角色。

五美分的教訓

達比大學畢業後，汲取當時開礦的教訓，打算重新開始自己的人生之路，並在一次偶然的事情中證明了自己的觀點：「不」，並不意味著毫無可能。

一天，他正在磨坊裡幫伯父磨麥子。伯父的農場裡住著一些黑人農民。他們正忙著，一位黑人農民的小女兒走了進來，站在門旁邊。

伯父抬頭看了看她，冷冷地對她說：「有什麼事嗎？」

女孩怯生生地應道：「媽媽讓我向您要五美分。」

「沒有，」伯父大聲地喊道，「你給我回去！」

孩子「嗯」了一聲，但並沒有回去。

伯父因太忙而沒有留意孩子走了沒。當他再次看到這個孩子時，大發雷霆，吼道：「你怎麼還不回去，再不走，小心我拿棍子打你！」

女孩又「嗯」了一聲，但還是沒回去。

這次，伯父停下手中的工作，抄起一塊木板，怒氣衝衝地向她走去。

達比一看大吃一驚，這孩子一定會挨一頓打，因為伯父的脾氣向來很差。

可出乎意料的是，伯父走近她的時候，她卻往前邁了一步，並高聲喊道：「媽媽就讓我來跟您要五美分！」

伯父顯然也吃了一驚，看了她好一會兒，最後將木板放下，把手伸入口袋拿給了她五美分。

孩子拿著錢緩慢地走到門口，目不轉睛地看著伯父，彷彿是看著一個被她征服了的人。在她走後，伯父呆呆地坐在木箱上，望著窗外的藍天，就這樣過了十分鐘，他以一種莫名的心情回顧著剛才發生的事情。

達比也在思索：這個黑人小女孩，能夠從伯父這個兇悍的人手裡要出錢來，是憑藉什麼做到的呢？這個想法在他腦海裡一閃而過，許多年後他才悟出了答案。後來他向我講述了這件事。

意想不到的是，他向我講述此事的地點正好就在那座當年磨麥子的磨坊裡。

女孩的神奇魔力

講述完之後，達比詢問我的看法。答案將在本書所講述的法則中呈現。

這個答案具有非常重大的意義，它適用於任何人，能夠使任何人在緊張匆忙間獲得力量。

只要認真觀察，心思敏銳一些，你肯定能得知女孩擁有的力量是什麼。這種力量既可以以觀念的形式出現，也可以以目標的形式出現；另外，它還會使你從過去的失敗經歷中汲取教訓，獲得比過去還要多的回報。

當我向他解釋了女孩所擁有的力量以後，他馬上回憶起他做推銷員的經歷，並承認他的成功很大程度上源於這個孩子給他的啟示。

達比說：「我每次遇到拒絕我的客戶時，都會想到那個小女孩，是她給了我力量，然後我就堅定地對自己說：『我一定要成功！』於是，我的信念真的就實現了。」

他也回憶起當年挖黃金時所犯的錯誤。他說：「那次錯誤使我得到了深刻的教訓。它促使我無論在面對什麼困難的時候，都要堅持不懈，只有堅持到底，才能取得最後的成功。」

我必須強調一點：達比的成功，得益於他的這兩次經歷。而有經歷和經驗就意味著成功嗎？達比雖有兩次可貴的經歷，但如果沒有他的認真思考，一切仍然毫無所獲。如果你沒有興趣去汲取你的教訓，人生該怎樣？而失敗轉換成成功的秘訣又是什麼？

本書對這些問題都會一一做出解答。

你需要正確的觀念

一個人要想獲得成功，必須擁有正確的觀念、意識。

本書所講的一切原則都包括了產生積極觀念的具體方法、途徑。在瞭解這些原則之前，你是否有過這樣的疑問：財富來臨的時候總是那麼快，那麼多，但在你窮困潦倒的時候，財富又去了哪裡呢？

這樣的疑問或許讓人驚訝，但當想到人們經常說的，只有勤奮工作的人、堅持不懈的人才可以獲得財富，就會更加驚訝。

因此，當你因思想而獲得財富的時候，你會注意到：財富的累積往往源於你的心態、你的目標和你堅持不懈的努力。對此，我已經進行了二十五年的研究，因為我也想知道如何才能獲得良好的心態。

當你掌握了這些規律或原則之後，遵循並運用它們，你就會發現你的收入狀況逐漸改善，你接觸的所有事物都將成為對你有益的精神資產。難道你覺得不可能嗎？能，當然能！

我們人類的思想裡，有一個非常大的弱點：對「不可能」這個詞過於熟悉，以至於讓它擋住了前進的路。本書是為追求成功、遵循成功原則的人所寫的。

成功屬於有成功意識的人，失敗則屬於放任自己且有失敗意識的人。本書的唯一願望就是幫助更多的人尋求改變，幫助他們將失敗的意識轉變為成功的意識。

我們人類還有另一個弱點：以自己的習慣衡量所有的人和事。人們從不相信自己能夠獲得成功和財富，因為他們的思維模式已被窮困、不幸、失敗或挫折等習慣性心理所禁錮。

這個弱點讓我回憶起一位在美國求學的人，他就讀於芝加哥大學，有一次校長哈伯在校園裡遇到了這個年輕人，就與他攀談了一會。閒談中校長問他：你對美國人有什麼深刻的印象？年輕人回答說：「對他們的嚴重偏見印象深刻，他們總是習慣於斜著眼看人。」

對於這個年輕人的看法，你做何感想？我們總是羞於承認自己不明白的事物，甚至認為自己的無知是合情合理的。當然，他人的眼光也會有偏差，不能盡信，因為他人畢竟與我們並不相同。

「不可能」的福特V8

在亨利．福特決定要製造把八個汽缸組合成一個引擎的V8汽車時，工程師們雖對此進行了設計，但他們始終認為這是不可能的事情。

福特說：「不惜任何代價一定要造出來！」

他們一致答道：「可是，這真的是不可能的。」

福特嚴厲地命令他們道：「儘管去做，即使會需要很多時間，也要把它做出來！」

這樣，他們不得不繼續做下去，除非他們想離開福特公司。

六個月過去了，沒有進展。

又六個月過去了，仍然毫無進展。

他們嘗試了幾乎所有方案，但還是不行，他們仍舊堅持：這是不可能的。

年底的時候，福特來詢問工程師們的工作進展。他們只好無奈地回覆他，他所要求的，他們雖盡了最大的努力，但仍舊無法做到。

福特堅定地說：「繼續做吧，不得到這種引擎，我誓不罷休！」

最終，經由工程師們的努力和福特的堅持，奇蹟終於出現了，福特的願望實現了！

此事的情節大體如此，雖不太具體詳細，但內在的本質是發人深省的。我相信所有想要以思想獲得財富的人，都能夠從中獲取隱含其中的秘訣。

福特為什麼會成功？因為他對成功法則的熟諳、運用，而且重要的是，他懂得自己內心渴望的是什麼。如果你掌握了這些法則，你也能夠獲得像福特那樣的成功。

為什麼你是「自己命運的主宰」

詩人格雷有一句富有哲學意味的話：我是我命運的主宰，我是我靈魂的船長。他想告訴我們的是：因為我們可以掌控自身的思想，故我們是命運的主人。

他同時也使我們得知，我們的思想能夠使我們的頭腦具有磁性，從而吸引聚攏來與我們思想同質的力量、人物和環境。

這就告訴我們：在你獲得財富之前，讓財富意識將你的頭腦磁化，形成強烈的財富意識，這種強烈的意識將促使你獲得更多的財富。

格雷可能因以詩表達了一個真理而感到滿足，這就是為什麼他僅僅是一位詩人而非哲學家的原因，但我們是不會就此滿足的。真理漸漸顯露，我們講述的原則都是操控著經濟命脈的秘密。

能夠改變你的命運的原則

現在先說一下這些原則中的第一條：在閱讀本書時，要保持謙虛的態度和精神，因為這些原則不是經由一個人創造的，而是無數人智慧的結晶，並由這些人證明過了的，你只需利用就可以了。

你一定會發現，其實做到這些是非常容易的，一點也不難！

許多年前，我曾在雪倫大學發表演說，有一位以後做了政府要員的青年因為認真領會了我在下一章所闡釋的原則，而給我寫了一封見解深刻的信。請允許我將這封信作為引言附在下面。

尊敬的拿破崙．希爾先生：

身為國會參議員的我，能夠有機會更多地看到人們所面臨的難題。致您的這封信，僅僅是向您表示感激，並提出一個建議，但願這個建議能夠為更多人帶來益處。

許多年前，您在雪倫大學的演說給當時還是學生的我帶來了深刻的影響。因您的演說，我獲得了一個至關重要的觀念。而我目前的所有成就，都歸功於它。

回首往事，一切都恍如昨日，您曾說到一個那麼令人不可思議的見解。這一見解竟然使窮困潦倒、沒受過正規教育、沒有可依靠的權勢和朋友的福特，獲得了巨大的成功。

每年都會有許許多多的年輕人完成學業，走進社會。每個人都希望找尋到屬於自己的信念、自己的人生方向、適合自己的工作。我相信您有能力幫助他們，因為您已經坦誠幫助了那麼多的人，包括我。

如今的美國，無數人都想獲知將意願化為物質財富的方法。因為他們沒有財富基礎，他們必須從零開始，白手起家。如果要想將他們的夢想實現，我認為非您莫屬。謹祝您幸福！

詹姆斯·魯道夫

在我演說三十五年之後的一九五七年，我再一次在雪倫大學發表演說，雪倫大學授予我榮譽文學博士的學位。

在我那次演講之後，魯道夫步步高升，擔任過航空公司總裁、國會議員等要職。

但凡人們心中所想像要得到和堅信會得到的任何事物，必能實現。

渴望擁有它，堅信會擁有它。

渴望

渴望，是獲得成功和財富的起點。

五十多年前，從貨運火車跳下，看起來像一個流浪漢的巴尼斯，卻擁有王者的思想。他沿著鐵軌步行著趕往愛迪生的工作室。在路上他一直在思考著自己的渴望，他要站在愛迪生的面前，要求愛迪生滿足他的請求，讓他成為偉大發明家的助手和合作夥伴。

巴尼斯的這種「與愛迪生成為事業夥伴」的強烈渴望，並非是毫無來由的奢望或遙不可及的理想，而是一種富有活力和激情的渴望，明確而肯定。

多年之後，當他再次站在愛迪生面前的時候，那是初次見面的地方，他的渴望已經實現，他已經成為了愛迪生很好的合作夥伴。

巴尼斯的成功之處在於，在確定了一個明確的目標以後，將他幾乎所有的精力、意志力都投入到了這個目標上，有著孤注一擲的豪情。

破釜沉舟的人

巴尼斯的機遇是在五年後才出現的。在他人看來，巴尼斯或許只是愛迪生事業機器上一個小小的齒輪，但在他自己看來，自從和愛迪生合作的第一天起，他就一直堅信自己是愛迪生的合作夥伴。

由此可以得知，一個有確切目標的渴望是具有無窮力量的。巴尼斯的成功是因為他想成為愛迪生合作夥伴的渴望超越了一切，並且他為此制訂了詳細的計畫，切斷了自己所有的退路。他這種強烈的渴望未曾有一時減弱過，已經變成他終生的追求，因此，他實現自己的渴望也只是十分自然的事情。

在去橘郡的路上，巴尼斯並沒有對自己說：「我要讓愛迪生給我一份工作。」他說：「我要成為愛迪生的合作夥伴。」他也沒有說：「假如我不能成為愛迪生的合作夥伴，我還有其他的機會。」他說：「我只想完成一件事情，那就是成為愛迪生的合作夥伴。我不會為自己留後路，要以一生作賭注，以此來實現自己的渴望。」

他沒有給自己留後路，要麼成功，要麼毀滅。

這以上都是巴尼斯的成功秘訣。

邁向財富之路

很久以前，有一位偉大的統帥面臨著這樣一個情況：他必須做一個保證在戰場上勝利的決定，他要指揮軍隊對付一個兵力比他多得多的強大敵人。他讓軍隊上船，航行到目的地，下船後，他命令將運送軍隊的船隻燒掉。在開始戰鬥前，他對部隊訓話：「各位看見船隻已經被燒掉了，這就是說，除非我們勝利，否則不可能活著離開這裡。我們別無選擇，要麼勝利，要麼毀滅。」

結果，他們勝利了！

在任何事業中，每個勝利的人都必須做到「燒掉他返回的船隻」，切斷所有退路。只有這樣做，他才會保持那種強烈求勝的欲望，而這種欲望是成功的根本要素。

芝加哥發生了一場大火，許多商人的店鋪都成了灰燼。商人們聚在一起，商討應對之策。他們商議的結果是轉移陣地——離開芝加哥，唯獨有一個名為馬歇爾・裴德的商人選擇留下來。決心留下來的他對著商店的灰燼大聲說：「諸位，不管這裡發生多少次火災，不管商店被燒掉多少回，我都要在此建造世界上最大、最紅火的商店！」

馬歇爾．裴德的商店早已被重建，今天仍然矗立著。這家商店是具有代表意義的，它象徵著馬歇爾．裴德堅強的意志力。對他來說，當初做出那樣的決定似乎困難，但他因強烈的渴望之心和意志力堅持了下來，而沒有遠走他鄉。

馬歇爾．裴德與其他商人的相異之處其實很小，可以說是微乎其微。而成功與失敗往往就取決於這微小的差別。

到了一定的年齡，我們都會有獲得財富的渴望。渴望本身並不能把財富佔有，而是通過意志力把渴望變成信念，並為此付出努力，才能獲得財富。

鑄「念」成金的六條途徑

把獲得財富的渴望變為現實，有清晰而明確的六條途徑：

1.「我要有錢」，這樣的想法太不明確，很難使你獲得財富，要說出一個具體而清晰的數額。

2.為了實現願望，你是否願意為此付出代價？畢竟世上沒有免費的午餐。

3.確定目標以後，最好列出一個具體的時間表。

4.再加上一份詳細的計畫書，之後就要馬不停蹄地按照計畫書一步一步去執行。

5.將你期待的財富數額、時間表、計畫書和你會付出的代價等，儘量詳細地記錄成清單，最好還能寫一篇宣言，以鼓舞自己。

6.每天兩次，在清晨和睡覺前，大聲地朗讀一遍清單。朗讀時儘量想像自己已經獲得了財富。

必須謹記：目標確定了，就堅決地按照清單所指示的去執行。尤其重要的是第六步，不要忘記朗誦。你或許會抱怨：「如果不能真正獲得財富，就難以想像自己已經擁有了錢財。」請相信，當你真正把獲得財富作為自己強烈渴望的時候，你就會擁有那種感覺了。這個練習的目的就是讓你擁有獲得財富的渴望，如果你始終堅信這一點，財富就離你不遠了。

你能想像自己就是富翁嗎？

對人類內心活動原理缺乏瞭解的人，可能覺得以上的六條途徑莫名其妙。如果那些對這六條途徑抱有懷疑的人瞭解到，這是鋼鐵大王安德魯·卡內基所傳授的秘訣的話，可能對他們會有很大的啟發。

如果他們再得知，這六條途徑，愛迪生也曾檢驗並認可過的話，他們一定會更加受益匪淺。愛迪生覺得通過這些途徑，不但能夠累積財富，而且還可以實現任何你渴望的目標。

以上的途徑並不需要你多麼辛苦或做出多麼大的犧牲，也不需要你有多高的學問，只需要你具備一定的想像力，就能夠做到。想像力可以使你深深理解，財富的獲得並不僅僅來源於機遇或受命運支配。你應該知道，要想擁有財富，就必須先擁有渴望、目標、行動、執著等內在條件。

既然讀到了這裡，那麼你一定已經知曉了，假如你對金錢沒有強烈的渴望，並且不相信自己能夠獲得財富，那麼，你永遠也不會獲得它！

夢想的力量

追逐財富的我們，應該嘗試著去瞭解我們生存的外部世界，世界時時刻刻都在發生著變化，它也需要新鮮和富有活力的事物。例如，新的思想、行動、先行者、創造等，這都說明事物有了變化，才能有發展、進步。渴望獲得財富的人們應該謹記：真正的領軍人物往往是那些能夠抓住模糊的、難以被人發現的觀念的人。他們能夠將意願付諸實踐，使之成為樓宇、城市，及所有能夠使我們的生活更加美好的事物。

當你按照目標採取行動時，請不要受到任何因素的影響，而鄙視自己曾擁有的夢想。要想在這個時刻更新的世界裡找準自己的位置，你不得不學習往昔偉大開拓者的精神。正是前輩們孜孜不倦的追求，才賦與我們的文化以豐富的內涵，前輩們的精神，就如同我們的血液，無處不在。也由於他們的精神感召，才使我們得以充分展現自己的才華。

如果你堅信你的目標是正確的，就毫不遲疑地去努力實現它吧！即使會有短暫的失敗，一時的挫折感。不要氣餒，不用管他人說什麼，只管勇往直前，追逐目標。

愛迪生因為懷有以電點亮燈的夢想，他為此開始了行動，雖經歷了一萬多次的失敗，他仍然堅持努力下去，最終他的夢想變成了真實。腳踏實地的夢想家，擁有的絕不是空想，也不會因失去信心而輕易放棄。

維倫懷有經營一家雪茄店的夢想，因此「聯合雪茄店」成功了。萊特兄弟懷有在空中飛行的夢想，因此世界第一架實用性飛機起飛了。馬可尼懷有運用電波收發資訊的夢想，最終他實現了；而當他剛發明出電報的時候，他的友人曾把他當做精神病患，並將他送進了醫院。

如今的夢想家的境況要比當時的人們幸運多了。當今的世界充盈著各種各樣的機會，這是以前的夢想家們所享受不到的。所以，勇敢地去實現夢想吧！

讓夢想高飛

夢想不會誕生於自私、冷漠、懶惰或不思進取的人心中。

請銘記：成功的人，大都在最初的時候嘗受過挫折的滋味，然後才在拼搏中獲得了成功。他們多數情況下是在危機中發現了真正的自己，並從中找到了生命的轉捩點。

約翰·班揚因為發表了一些對宗教的異見而被關進了監獄，遭受了嚴刑拷打。獲釋之後，班揚寫下了名作《天路歷程》。名作家歐·亨利也是在經歷了巨大的不幸之後，才在文學上表現出了驚人的才華，他有過牢獄之災等可怕的遭遇，在不幸中他發現了真正的自我，使他得以重新生活。

作家狄更斯在年輕的時候，曾做過在鞋油瓶上貼標籤的簡單工作。他後來失敗的初戀影響他很深，甚至改變了他的一生，這也使他成為世界上最偉大的作家之一。

海倫．凱勒天生就是聾、啞、盲者，但這極大的不幸並沒有阻礙她成為偉大的人。她的一生向我們昭示：如果你不把失敗當作必然的事實，就永遠不會被命運打敗。

詩人羅伯特．彭斯曾是一個目不識丁的鄉下孩子，屢遭貧窮之苦，長大後還嗜酒成性。但他的人生並沒有就此終結，他接觸到了詩歌，經過刻苦的學習，他獲得了相當高的成就。世界也因他的詩歌而變得越發美麗，因為他的詩歌表達出了美麗而高貴的思想，為人類撫平了傷痛，為人類的心靈種上了鮮豔的百合花。

貝多芬失聰，彌爾頓失明，但他們的光輝與日月同在，因為他們不僅擁有夢想，而且把夢想勾畫成了美麗的藍圖。

「希望得到」和「選擇接受」並不相同，只有堅信自己能夠得到的人才會選擇接受它。這樣的心態意味著強烈的渴望和堅定的信念，而不只是停留在夢想、理想的階段。心胸開闊的人才能夠激發出堅定的信念，孤僻封閉的人很難激發出自身的勇氣、自信與信念。

謹記：追求成功、財富和幸福而付出的努力，一定不會比承受窮困和不幸付出的努力更多。一定要追求一個較高的人生目標。

我向生活索取，生活卻置之不理。
當我所剩無幾的時候，即便是晚上我也要去乞討。
生活就像一位雇主，它會儘量滿足你的請求，
但你必須為了這份薪酬擔負起生活的重擔。
當你真正瞭解了生活，
你會發現你的一切追求和請求，
生活都會替你實現。

渴望有如天助

為了更好地闡釋本章，我將要向你介紹一位不同尋常的人。他來到這個世界時就沒有耳朵，連醫生也認為他將會一生聾啞。

我無論如何也不能贊同醫生的這個說法，因為這孩子是我的兒子！當時我在內心

深處就做了決定。

內心中，我堅信我的兒子能夠說出話，能夠聽見聲音。但如何才能做到呢？我記起愛默生的一句話：神奇而偉大的自然精神，教導我們無論遇到什麼困難都要保持信心，而我們唯有遵從才能得到它的引導。只要我們悉心聆聽，必能開啟真諦之門！

真的就是渴望？是的，就是渴望！除了我的兒子不聾啞，其他的我一無所求，這就是我最大的渴望。對此我毫不退縮、懷疑。

我應該怎麼辦呢？我要想盡一切辦法，將永恆的自然精神和我的意願灌輸到孩子的心中，我打算等孩子大一點以後，就把意念和精神都傳授給他。當有了這些想法的時候，我沒有將它告訴任何人，但我已經暗下決心，絕不會讓自己的孩子成為聾啞人。

孩子長大一點之後，我注意到他有非常微弱的聽覺，當他開始學習走路的時候，雖無說話的跡象，但我從他的行動上發現，他還是能夠聽到聲響的。由此，我便毫不懷疑：只要他能夠聽見，就能恢復聽力。接下來的一件事，使我看到了希望的光芒。

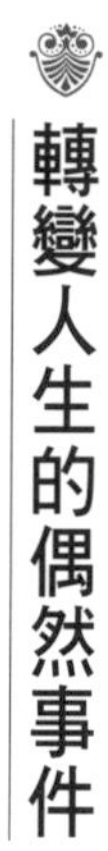

轉變人生的偶然事件

我買了一台留聲機，當孩子聽到它播放出來的音樂時，他顯得很興奮，並馬上佔有了它。有時一張唱片他會聽上兩個多小時，聽的時候又常常有一個習慣：用牙齒咬留聲機的外緣。他養成這一習慣的原因我是後來才明白的，他的動作體現了「骨頭傳音」的原理。

此後不久，我又注意到：我對著他頭蓋骨附近的乳突骨說話時，他可以清晰地聽見我的聲音。

知道他真的能夠聽見聲音之後，我就開始向他傳授我內心的意願和精神。晚上臨睡前我會給孩子講故事，以培養他的想像力，讓他建立信心，並刺激他擁有渴望聽見和說話的意願。我通過說故事努力在他心中塑造出一種信念，一種認為缺陷並不是負擔而是一種巨大精神資產的信念。

贏取嶄新的世界

我從教育孩子的經驗得知，父母對孩子的關愛與孩子的自信、活潑有很大的關聯。因此，我總是鼓勵他：你比你哥哥處境更好，賣報紙的話你會得到更多的錢；老師一定會因為你的特殊性給你悉心的照顧，你的學業肯定會圓滿地完成。

孩子七歲的時候，初次顯現出令人可喜的成功跡象。我在他身上花費的時間和精力總算沒有白費。

一段時間以來，他總是央求我，說他要出去賣報紙，我始終沒有答應。但有一回，只有他一個人在家時，他便從家裡跑了出去。他向鞋匠借了六分錢，買了報紙，然後將報紙賣出去，賺得了利潤就再買報紙，就這樣利滾利，一天下來，他竟然賺了四角錢。

這個成功的小商人——我的孩子，令我很感動、欣慰，因為我在他內心樹立的信心起了作用，且獲得了初步的成功。他也向我證明：他不僅有信心，而且有足夠的能力獨立地度過一生。

關於孩子這次經商的經驗，他的母親或許認為孩子只是在冒著生命危險做一件愚蠢的事。而在我看來，孩子是那麼勇敢、自信、有頭腦！因為他完全靠自己的力量做起了小生意，而且還獲得了一些利潤，這是多麼了不起啊！他做的這件事令我很高與，他充分地向我證明了他有足夠的能力過好自己的一生。

聽障小孩的奇蹟

這個失聰孩子的成長過程，從小學一直到大學，他幾乎無法聽見老師說的話，只有老師在他身邊大聲說話的時候他才能聽見。我沒有讓他進專門的聾啞學校，也不讓他學習手語，因為我想讓他過正常人的生活。儘管與教師發生過幾次不愉快的爭論，我都始終堅持我的決定。

在大學的最後一個星期，他終於迎來了人生中最為重要的轉捩點。事情是這樣的：他意外地得到了一份他人贈送的禮物——電子助聽器。他當時只是抱著試試看的心情，意想不到的是，當他把助聽器戴上的時候，竟發現自己的聽覺恢復了，和所有正常人一樣。電子助聽器為他帶來了一個嶄新的世界，他為此欣喜若狂，急忙給我打電話，並且清晰地聽到了我的聲音。上課時，他也生平第一次準確地聽到了老師的話。此時的他已經能夠與他人輕鬆隨意地暢談。

思想的奇蹟

孩子當時還不能全然體會這件事具有的意義，他僅僅為迎接這個新鮮的世界而欣喜若狂。他給助聽器的製造商寫了一封感謝信，並描述了自己的切身感受。孩子的信也感染了製造商，他們便邀請孩子去了位於紐約的工廠。

到了之後，他們帶著孩子參觀了工廠，他向工程師們述說了自己發現的新鮮世界。在敘述中他突然冒出了一個想法：他要將他獲得的新鮮世界告訴更多人。

當然，他打算訴說的對象是身患聽力障礙的人，他想向他們敘述這個嶄新的世界，也希望他們能夠親自聽到這個世界的聲音。

他因此在這家公司得到了一份工作。他努力推廣助聽器，使更多的聽力障礙患者重新獲得了希望，親耳聽到了這個世界的美妙聲音。

我堅信：如果不是在他很小的時候我就開始培養他的思想，那麼我的兒子只會是一個普普通通的聽力障礙者。

我培養他的思想和樹立他的信心，就是為了讓他受到一種影響，使他能夠與自然世界和精神構築在一起，從而獲得無窮無盡的力量。

在他小時候，我曾向他撒了一個善意的謊言，然而這個謊言經由他的親身證明，出現了一個正向的結果。這個謊言就是：當自信和強烈的渴望交織在一起的時候，沒有什麼是不能實現的。而這些道理誰都可以無償獲得。

神奇的精神

在一則報導中，我得知了舒曼夫人是如何成為歌唱家的。

事業之初，舒曼夫人曾去拜訪維也納宮廷歌劇院的首席指揮，請他聽一下她的嗓音。但這位指揮卻拒絕聽，只是輕描淡寫地對她說：「一看就知道，你不僅長相一般，而且毫無才華，別妄想在歌劇界能夠獲得成功。還是回去買一台縫紉機，做裁縫去吧，你成不了歌唱家！」

這位首席指揮固然知道歌唱的技巧，但他未必知道，當內心渴望變成唯一的信念時所具有的力量。如果他稍微瞭解一點的話，一定不會犯那麼輕率的錯誤。

許多年前，我的一位夥伴病倒了，而且病情很快就惡化了，最後不得不被送進醫院。醫生跟我說，他活下去的機率很小。在我離開醫院的時候，我的夥伴毫無氣力但堅定地對我說：「不要為我擔心，再過幾天我就出院了。」一旁工作著的護士們都向他投以同情的眼神。

但最終他熬過來了，從死亡線上闖了過來。他康復以後，醫生驚訝地說：「救他的是他自己，是他自己的求生意志。如果他不拒絕死神來臨，是挺不過來的。」

我始終堅信信念的巨大支撐作用和無窮力量，因為我親身經歷的許多事情都可以作證。要如何掌控和運用你自己渴望的力量呢？以後的章節裡，我會做進一步的解釋。人類內心深處的力量是變幻莫測的、不可限量的，當你內心產生強烈的渴望時，就會在它的作用下，不再相信「失敗」、「不可能」等一切消極的辭彙。

意志的力量是無窮無盡的，除非你去限制它。

窮困和財富皆來源於我們的意識。

向生命索求的越多，生命回贈你的也就越多。

第
3
章

自信

獲得財富的第二步：相信渴望的一切必將成真。

自信能夠讓思想具有巨大的力量，在強烈自信心的帶領下，人的思想就能夠取得無限的進展。

自信對智慧具有很大的促進作用。自信與意願、思想結合在一起的時候，就能夠激發出無限的智慧。

培養自信的妙方

自信是一種自我暗示的積極心態，這種心態通過對潛意識施加作用，而獲得難以改變的堅定信念和勇氣。要想獲得它，就需要我們反復地向潛意識下肯定、積極的命令，這會讓你的自信心逐漸發展、增強。

曾有一位犯罪心理學家說：「首次與犯罪行為接觸時，人們往往非常恐懼、害怕。如果接連不斷地接觸，就會開始習慣並容忍犯罪行為，而一旦接觸的時間特別長的話，就會淪為犯罪行為的支持者，甚至是參與者。」

這可以說明：只要反復地將自己的意念傳遞給潛意識，潛意識就會接受它，增強它。

當意念或思想與自信心結合在一起的時候，我們就會獲得一種行動力，將其變為物質的等價物。

當然，只是鼓舞自己和有自信心是不夠的，還要有具體和強烈的心理暗示才行。

現在詳細說明一下什麼是自信心：

自信心是心靈的靈丹妙藥，它是產生行動之力、生命力量的基礎。

自信心是獲得成功和財富的起點之一。

自信心是造就奇蹟和闡釋神秘事物的源泉。

自信心是治療失敗的唯一解藥。

自信心能把思想化成精神的力量。

自信心是運用智慧力量的唯一憑藉。

沒有人「註定」要倒楣

潛意識所屬消極的意願衝動和主動的意願衝動是同質的，也同樣會有真實的反映。這就是人們為什麼會經歷不幸的原因。

有許多人相信自己天生註定就應該是貧窮的、失敗的，這時候他們都在被一種神奇的力量控制著。而他們之所以不幸，皆源於他們自己，因為他們缺乏信心、精神沮喪，並且這種心態已經深入到潛意識中，從而使他們難以自拔。

在這裡我想提醒你一下，假如你把期待獲得某種事物的渴望積極地傳達給潛意識，你一定會從中受益，因為人們在這種強烈的信心作用下，會獲得無比驚人的力量。要相信，是信心和信念在決定著潛意識的一切活動。在你向潛意識傳達命令時，沒有任何事物能夠阻止你「戲弄」潛意識。為使這種「戲弄」更加逼真，你不得不在喚醒潛意識時想像自己已經擁有了某種東西。

潛意識只要是在充滿信心的狀態下接到命令，就能夠以直接和合理的方式去執行，並可以真正實現它的價值。

做好一切準備，親身去體驗和行動吧！要將自己的信心融入到潛意識和精神中去，同時要努力抑制消極的情緒和負面的情感。只有在這樣的狀態下，你的潛意識才會發揮出強大的作用。

信心是一種由自我暗示激發的心態

信心是能夠通過自我暗示而激發出來的。

我將以通俗易懂的語言來講述這一原則，以使你儘快獲得尚未獲得的信心。

請時刻牢記：要始終相信自己。

在開始練習之前，請再提醒自己一次：信心是一種鼓舞心靈的妙藥，它賦與意願以力量和果斷的行動。

以下的句子請多讀幾遍，最好大聲朗讀幾次：

信心是獲得財富的起點。

信心是避免和治療失敗的良藥。

信心是解決所有難題的根本。

信心能夠把人類內心的意念化為強大的精神力量。

神奇的自我暗示

如果你反復地講述一件事情，無論這件事是對是錯、是真是假，你最後都有可能相信它。假如你反復地講述一個謊言，你就有可能把謊言當作事實來看。這就是自我暗示的力量。

某個人在人群之中之所以有區別，並不單單是在外表上，重要的是思想的差異。因為思想支配著行為。

我們常常會把強烈的意念或思想放在心中最顯著的位置，並以積極的心態鼓舞它成長。當它與任意一種情感結合在一起的時候，都會迸發出果斷的行動力，精彩的行動因此馬上就開始了。

下面是一個重要的法則：

思想與情感結合在一起的時候，將產生一股強大的吸引力，一切與之相關的思想都會被它吸引。

那種最初與情感結合的思想，就像一粒種子，如果土壤肥沃，便能夠很快成長，且一粒種子能孕育出無數顆種子，讓生命繁衍不息。

我們大腦裡的潛意識或心智能夠吸收一切與意願相關的思想，並控制它或融合它。

我們固有的思想、計畫、目標等或許很薄弱，但經由融合或控制更多的思想以後，便會逐漸強大起來，最終獲得成功的力量。

其實人們有一個很容易克服卻最致命的弱點，那就是缺乏自信心。要克服它，只要你通過強烈的自我暗示，化怯懦為勇敢就可以了。

下面是一個簡單的行動方案：記下你的渴望，並反復朗讀以加深印象，最後讓它成為潛意識的一部分。

自信秘訣五步驟

1.相信自己有能力和勇氣實現目標，只要你努力和堅持，就會向成功邁進。不要猶豫，立即行動吧！

2.確信自己的目標一定會實現，並完美地呈現在自己的面前。為此，你要保持每天集中意念思考半小時，考慮自己打算成為什麼樣的人，然後在心裡塑造出它的完整形象。

3.因為知道自我暗示的強大作用，為此決定每天拿出十分鐘以增強自信心。

4.既然寫下了明確的目標，就不要放棄，努力堅持到目標實現的那一刻。

5.如果財富和地位不是建立在真理與正義的基礎之上，那它們就不會長久地屬於任何人。因而，絕對不要做傷天害理、損人利己的事。儘量施展你的魅力，發揚自己樂於助人的作風，尋求與更多人合作，使更多人相信你，以此來化解一切恩怨、是非。始終對自己充滿信心，將你確認的目標堅持下去。

消極思想的侵害

潛意識就像一個龐大的思想倉庫，無論是積極的還是消極的思想，都會容納在其中。

電就是如此，利用得當，會為工業建設和人民生活做出巨大貢獻；反之，如果運用失當，就會造成悲劇。適當與否，全在於你的使用知識和操作方法。

你的內心如果充滿猶疑、懦弱或恐懼等消極的情感、情緒，你的自我暗示、潛意識都會接收到這樣的資訊，你就會對這一切因此都失去信心，從此你的人生就會困苦不堪。

風能夠將船吹向任何地方，除非你知道自己的航向和目的地，才不至於迷失在汪洋大海之上。請堅信：所有人都能夠通過自我暗示和自信心達到目標。

假若你承認自己會失敗，那你已經失敗了。

假若你承認自己沒有勇氣，那你就不會擁有勇氣。

假若你承認自己勝過他人，那你必定勝過他們。

成功來自你的意志，意志脫胎於你的精神。

在你獲得成功前，時時刻刻都不能放棄自信。

勝利並不是永遠偏愛強者，最終的勝利往往屬於自信者。

沉睡的天才

在你內心的某個角落，一定存在著成功的種子。如果將它發掘出來，就一定能夠引領你攀上曾經可望而不可及的高峰。就如同音樂家將美妙的音符奏出美麗動聽的音樂一樣，你要實現目標，只須掌握你的內在音符，使其發出聲響。

林肯在四十歲以前事業上只有失敗，一切都令他愁眉不展。然而有一個重大的機遇找到了他，他心中成功的夢想才被喚醒。他的機遇來源於他唯一愛過的女人。經過我的調查研究，大部分成功人士的背後都有一個用愛支持他的妻子。

這就是愛的力量。

如同愛的力量一樣，自信心也擁有相當巨大的力量，印度聖雄甘地就是個很好的例證。因為他使我們得知：信心可使人完成偉大的事業。他在財富、軍隊、物資儲備等方面都極度缺乏，甚或沒有，他也沒有地位、權勢，甚至沒有一件像樣的衣服，但他卻有無堅不摧的力量。而這力量就來源於他的信心，並通過自己的言行把這強大的信心植入了兩億印度人民的心裡。

獲得財富的時候，你也要有信心，以掃除思想上的障礙。只有渴望成功，才意味著你會成功。

第
4
章

自我暗示

自我暗示是向潛意識施加影響力的手段。獲得財富的第三步：強烈的自我暗示。

成就的獲得必須發揮你的潛能。

當對自己內心的刺激和暗示傳輸到大腦以後，就會形成「自我暗示」。也就是自我暗示溝通了思想與行動，並將兩者緊密地結合起來。

按照自然規律，人可以通過掌控五官進而影響到潛意識，但很少有人運用這種能力，這也就是為什麼大多數人際遇不佳的原因。

關於潛意識有一個形象的說法：潛意識猶如一片豐饒的土地，如果你不種下希望的種子，它便會荒蕪。每個人都可通過自我暗示，將自己的思想種子埋入潛意識的土地，這樣一來，每個人的思想就會成長茁壯。

想像自己的財富

在按照第2章所講「鑄『念』成金」的六個步驟實施計畫時，「專注」非常重要。下面的方法可以幫助你培養專注力。請集中意念於一個固定的目標，然後閉上雙眼，想像自己的目標已經實現，你的面前就是你渴望得到的財富。最好每天練習一次，以給予自己獲得財富的信心。

最重要的是：潛意識無論接受什麼命令，最好是在堅定信心的支持下，並且是在反復下達命令的基礎上。潛意識在你的強烈命令下，一定會為你的夢想制訂出詳細而準確的計畫。

一定要想像財富就在你眼前，而不是過很久才能得到它。你的潛意識為你規劃出計畫以後，就要馬上付諸行動，不要錯過任何一個靈感式的想法，而且不要太相信你的理性，因為你的推斷能力可能是有限的，不能完全依靠。

當你編織自己的財富夢想時，一定要估計到自己因此會付出的代價。徹底衡量好之後，就果斷行動吧！

提升專注力

當你按照第2章所講述「鑄『念』成金」的六個步驟進行練習時，專注力是非常重要的。

在這裡列舉一些切實有效能提升專注力的方法。六個步驟中第一條講的是「說出一個具體而清晰的金錢數額」，這時將自己的專注力集中到你所確定的數額上，閉上眼睛，直到在腦海裡形成清晰的金錢圖像。這樣的練習每天重複一次，並按照第3章所說的那樣，堅信自己已經獲得了那些錢。

有這樣一個事實：潛意識能夠接受任何在自信狀態下人所發出的命令，但只有在經常反復傳遞資訊的情況下，才會使命令一步一步地在潛意識中呈現。因此你一定要讓潛意識相信，你一定能夠獲得自己渴望的財富，在潛意識真正接受之後，這筆財富就只等著你來獲取了。因為這時潛意識會告訴你具體而清晰去得到財富的計畫，使你順利實現自己的財富夢想。

再把以上的思想傳遞給你的想像力，觀察一下想像力會有怎樣的反應，看其是否會助你實現你的渴望，或者為你制訂出切實可行的計畫。

不要等計畫完整制訂出來之後再採取行動，以獲得自己渴望的財富。應該想像自己已經擁有了這些財富，然後要求潛意識為自己提出相應的計畫，這些計畫稍微一顯現就要立即開展行動。在行動時，也可借助第六感的作用，並用它來感知外在的世界。

六條步驟中的第四條要求你「再加上一份詳細的計畫書，之後就要馬不停蹄地按照計畫一步一步執行」，你應該按照上述內容所說的態度和原則，立即開展行動。在實現自己的財富夢想的過程中，除了要制訂切實可行的計畫外，還有就是不要過度依賴自己的理性，因為理性有時是慵懶的，僅僅依賴它會讓你有更大的失敗風險。

在你想像自己已經擁有了內心渴望的財富時，要同時儘量想像自己在為它努力著，而不是期待著不勞而獲。

這一點是非常重要的。

如何運用自我暗示激發潛意識

以下對第2章中所講的六個步驟加以提煉，並與本章所講的原則融合如下：

1. 找一處安靜的處所，閉上雙眼，大聲地喊出你曾寫下的財富宣言。宣言包括財富的具體數額、獲得的期限，以及你願意為此付出的代價。

2. 每天的清晨和晚上都將這份宣言朗讀或背誦一遍，當你的心中出現了這筆財富的時候，你才可以停止。

3.將這份宣言放在你隨時都能夠看得到的地方。

你這樣做其實就是在自我暗示，在向潛意識下命令。在這種方式下你的行為才能得到強化。

這樣的命令或許抽象，但千萬不要因此而退縮，因為這也是一種挑戰、鍛煉。只要堅持做下去，一個嶄新的世界一定會在你的精神和行為上完整呈現。

才智的奧秘

對新事物抱持懷疑態度是人之常情，但在上述原則的指導下，你的懷疑將會被信念所代替，而且會逐漸變為強烈的信心。

許多哲學家都說過，人是自身命運的真正主人，但很少有人能夠說出其中的原因。本章就透徹地說明了這一點，尤其是關於人們在經濟方面的地位。

為什麼人既是自身命運的主人，也是外在環境的主宰呢？原因在於人們都具有對潛意識施加影響的力量。

在將渴望轉化為財富的過程中，你會運用到自我暗示。自我暗示是一種特殊的方法，能夠觸及和影響潛意識，而其他一切原則都是自我暗示原則的實施工具。銘記這一點，你就會逐漸發現，在你運用本書所講的內容努力積累財富時，自我暗示時時都在發揮著重要作用。

閱讀完本書以後，再重新閱讀這一章，並以真誠和行動來依從如下的指示：每天朗誦這一章，直到自己確信自我暗示原則是真實可信的，而且深信這一原則會助你實現自己的渴望。朗讀時，將對你有幫助的句子做好標記，反復揣摩，使其融入你的潛意識。

嚴格認真地按照以上所述的內容行動了之後，你就能夠很好地理解和運用成功的法則了。

每次困境、每次失敗、每次憂傷，都飽含著等同或更多利益的種子。

第
5
章

專業知識

專業知識是個人經驗和觀察的總合。獲得財富的第四步：專業知識。

知識可分為兩類：常識和專業知識。常識是人所共知的，對於獲得財富，用處可能並不大。例如大學教授擁有淵博的知識，但能夠獲得巨大財富的可能性並不大，因為他們的知識是用來授業和解惑的，而不是利用知識獲取財富，簡而言之，就是利用知識的目的不同。

知識本身並不具有吸引力，不能主動吸引財富，你必須合理而準確地運用知識，有的放矢地把知識用到最需要它的地方，再輔之以計畫，這樣才能順利地將知識轉化為財富。許多人都對「知識就是力量」存在誤解，為什麼會產生誤解呢？就是因為擁有知識本身只意味著你知道、瞭解什麼，而要想真正發揮出知識的力量，那麼只有運用它，並輔之以目標和計畫，才可能實現。

如今，教育體系的缺陷之處就在於：學生們學習了許許多多的知識，但很難真正靈活地運用它們，即使運用了，也只能算是解題高手。

有的人或許會說：福特只上過幾年學校，他是個沒有受過太多教育的人。這種想法是多麼荒謬！荒謬之處就在於：他完全不瞭解教育為何物。「教育」這個詞來源於拉丁文中的「Educo」，它的本意是：培養內心，由內而外發展。

一個人如果受過教育，並不意味著他會擁有多麼淵博的學識或專業知識，但一定昭示著他的思維意識曾得到過啟發。

「無知者」變巨富

芝加哥有一家報社曾連發多篇社論抨擊福特為「無知的和平主義者」，福特對此表示強烈抗議，並以該報「肆意誹謗他人名譽」的罪名將其送上法庭。法庭審理時，報紙一方的律師以向福特問問題的形式企圖證明福特的無知，當然，這些問題不包括汽車製造方面。

那位律師就向福特提出了這樣的問題：你知道誰是班尼迪克·阿諾德嗎？英國在平息一七七六年的叛變時，曾派出多少軍隊來美國？福特就第二個問題做了如下回答：「本人並不知曉士兵的準確數字，但有一點是無疑的，那就是活著回去的士兵肯定比派出的少許多。」就這樣，那位律師一而再再而三地問一些令福特厭煩的問題，最後福特忍無可忍，用手指著那位律師說：「尊敬的先生，我必須提醒您，我的辦公桌上安裝了一排電鈕，按下其中一個，我的助理就會前來。在我耗費心血創建的企業中，我想知道的所有事情，我的員工都能夠解答。那麼，尊敬的先生，請您告訴我，在周圍的人都能夠提供我所需的知識的情況下，我有必要僅僅為了回答問題，而去將所有的知識塞進腦子裡嗎？」

那位律師被問得無言以對。從福特的回答中，法庭上的人們都感受到福特確實是一個有教養的人，而並非是一個無知的人。

有的人雖受過教育，但卻不知道需要知識的時候知識從何而來，也不知道如何運用知識，因此知識僅僅被他佔有，而不是「物盡其用」。福特卻不然，他在智囊團的幫助下，獲得了大量的知識和資訊，並且合理而準確地運用了它們。但他自己心中是否擁有這些知識並不重要，只要他靈活地運用了來源於智囊團的那些知識就足夠了，哪怕運用完之後就將其忘記也是可以的，因為知識上的「物盡其用」同樣重要。

你能得到自己需要的任何知識

在實現自己的財富夢想之前，你必須具備商品、服務、職業等方面的知識，這樣才能夠順利地獲得屬於自己的財富。

如果你的專業知識遠不能滿足能力要求，這時你就必須借助智囊的功能，以彌補自己的不足。

要想獲得財富，是需要力量的。而這些力量來源於對專業知識的合理運用，但所需的知識不必自己完全具備。

比如，有的人本身的教育程度不高，並沒有多少工作所需的專業知識，但他們卻有獲得財富的雄心和意志。

對於這樣的人來說，上段的內容會給他們帶來一定的鼓舞，而有許多人卻因自己未受過良好教育而自卑一生。

其實在生活中，一個人只要擁有一個掌握了某一方面專業知識的智囊，那這個人就會和團隊裡的每個人一樣具備這些專業知識。

愛迪生終生只接受過三個月的正規學校教育，但這並不代表他缺乏知識，他也沒有因貧窮而死。

福特也是一個很好的例子，他還沒有上到六年級就中輟了，但他通過自身的努力成就了一番偉大的事業。

專業知識是我們能夠獲得的最為豐富和廉價的技能。對此，你如果表示懷疑，不妨就去查詢一下各個大學教師的薪資單吧，這樣你就會明白我所說的一切。

獲得知識的途徑

首先你要清楚自己的目的或目標，從而瞭解自己需要什麼知識。目標確定以後，至關重要的一步就是認清你所需知識的來源，比較重要的來源是：

1.因生活閱歷而得來的經驗和在家庭所受的教育。
2.與他人合作得到的經驗或見識。
3.高等院校的學校教育。
4.公共圖書館。
5.專業培訓。

要想使知識具有實際價值，必須組織及運用它，並且要有合理的計畫和目標。有時候目標很重要，目標決定了你知識的真正價值。

假如你想進一步接受學校教育，就要清楚你獲得知識的目的性。從而確定知識的來源應該是什麼。

從成功人士的經歷中我們可以得知，他們無時無刻不在獲取與他們的事業、目標相關的專門知識。如果你認為學校生涯一結束，你的求知之路就消失了，那是可悲的，是很難成功的。其實，學校教育的真正目的是讓你掌握獲得有用知識的方法，而不是教給你一勞永逸的捷徑。

最被需要的人才

公司在徵聘人才時，總是傾向於任用在某一領域有專長的人。在學校裡，比較活躍的學生往往比那些只顧潛心讀書的人更有成就，因為他們的學習成績雖然一般，但他們的能力是多方面的，且易與所有人相處。這樣的學生在應聘時，多數情況下都是最受青睞的人，有時可能會同時收到多家公司的聘請函。

曾有一家大型公司致函羅伯特·摩爾，在談到選才的標準和方式時說：「我們懷著期待的心情，在物色具有管理才能和遠大前途的人。我們最優先的標準就是人才的性格、智慧、能力、品行等方面是否卓越，而不會看重他的教育背景。」

「實習」的提議

在談到要建立一個暑期實習制度的時候，摩爾這樣說道：「在學生完成自己的學業之後，應避免學生在與自己的專業沒有關係的課程上虛度時光。學校一定要重視專業人才這一問題，並擔負起輔導學生就業的責任。」

對於想接受專業教育的人來說，夜校無疑是一個很好的選擇。函授教育有很高的針對性，而且可教授的科目也是極為廣泛的。家中學習的其中一個優點是學習計畫是有彈性的，即使是閒暇時間也是可以用於進修的。還有一點就是，假如你選的函授學校得當，你將可以運用學校提供的所有課程，這對於需要專業知識的人來說是非常重要的。而且不管你居住在何處，都能夠分享這些有益的資源。

來自收費機構的教育

不費吹灰之力或不需付出任何代價就可以得到的事物，人們往往加以漠視。公立學校條件良好，但教學效果不佳大概也是這類原因造成的。函授學校是有組織的事業機構，因為收費較少，所以要求立即付款。無論一名學生成績如何，學費都是要交的，這樣就產生了一種作用：本來已選擇放棄的孩子也會跟著課程順利把學業完成。

我從個人的經驗中深深領悟到了這一點。我曾參加過一個關於廣告的函授班，在讀了一段時間之後，就不想再讀了，但由於學校不停地催交學費，而且是不管我讀不讀都要收費，於是我堅持讀完了我所學的課程。雖然當時覺得學校的這種收費制度不合理，但後來我發現，正是這種制度使我受益匪淺。

專業知識之路

我們總是犯一個奇怪的毛病，就是只珍視需付出代價的事物。許多免費的學校和圖書館，人們並不重視，這就導致人們在就業後又不得不補習某些課程或訓練一些技能。也正因這個奇怪的毛病，公司招聘時，一般也比較看重人才是否接受過函授教育，因為他們認為利用或犧牲閒暇時間而努力學習的人，都有領導的潛質。

然而缺乏雄心是最致命的缺點。沒有了奮發向上的動力，事業就會停滯不前，一切都會如逆水行舟，不進則退。如果你是一位拿固定工資的人，為什麼不將閒暇時間拿來利用呢？若能將這些時間用來學習，努力提昇自己，你的事業將會更上一層樓。而且，獲得的知識越多，努力的程度越高，你向前發展的動力就會越大，障礙就會隨之減少，成功便近在眼前了。與此同時，你還會贏得更多人的信賴和青睞。

受雇人員在離開學校之後，總是因專業知識的缺乏而進入函授學校補充學習。因為他們已經沒有足夠的時間再重返學校受教育了，而將時間集中在函授學校自修，正好可以彌補自己的欠缺，學得更多的專業知識。

史德華．威爾曾立志做一名建築工程師，並已經為此努力著。但突然而來的經濟危機使他放棄了目標，他在衡量了一番之後，決定改學法律。於是他重返學校，轉而攻讀法律，準備以後做一名律師。最終他通過了律師考試，並成立了一家收入豐厚的律師事務所。

有的人一定會因為還要重返學校而百感交集，找藉口說：「我還有家眷」，或「我年紀太大了，怎麼可能還會回到學校學習呢？」，請允許我補充一點史德華．維爾的資訊，他當年面臨抉擇的時候，已經是四十歲的年齡了，且須負擔家眷的生活開銷。然而就是這樣的他，僅用了兩年時間，就把大多數年輕人需要四年才能完成的課程讀完了。懂得怎樣獲取知識的人肯定會有所收穫。

創造財富的簡單想法

以下是一個有趣而特殊的例子。

雜貨店的一名夥計突然失去了工作。因為曾經有過一點記帳的經驗，因此他決定去進修會計課程。然後就靠著會計這個行業，開始經營自己的事業。他首先從他待過的那家雜貨店開始，逐漸與上百家商店簽訂了合約，靠著給他們記帳收取低廉的費用。他又有一個奇思妙想，就是將辦公場所搬到了一輛卡車上，並配備了最新的設備。他的想法大獲成功，他的公司不斷壯大，他的服務標準卻始終沒有變，即：花最少的錢，享受最佳的服務。

小夥計的巨大成功主要是因為他充足的專業知識和非凡的想像力。如今他所付的所得稅，遠遠超過他當年做夥計時得到的工資。

可見，成功的事業往往是以一個非凡的想法為起點的。

獲得理想工作的完美計畫

全國有很多企業需要一位精通銷售業務的專家，期望專家能夠策劃出一部關於銷售的冊子，以使更多的人獲得銷售才能。

這個創意是以眾人的願望為基礎的，不只是為個人服務。這個創意的提出者是一位女士，她有著驚人的想像力，她想像到了這個創意能夠發展成一個新的行業，可以為許許多多的人服務。「推銷個人服務計畫」的成功，深深鼓舞了這位女士，於是她開始著手為她大學剛畢業的兒子找工作，她為兒子精心籌畫的計畫是一個能很好的推銷、展示個人的範例。

這份計畫竟然有五十頁之多，內容經過精心組織、挑選，包括她兒子的天賦才能、教育歷程、個人體驗等許多詳盡的資料，就連她兒子所申請的職位，也有詳細的說明。不僅如此，他兒子以後的工作計畫也都清清楚楚地列在其中。

這份計畫足足準備了幾周的時間，這位女士會經常讓她的兒子去圖書館，以找尋能夠使她的服務更有利的資料，同時讓他去公司上司那裡，向他們學習公司的經營方法，這樣對制訂未來職位的工作計畫大有好處。這份計畫的最後，還附加了一些可供公司管理者參考或採用的建議。

無須從基層開始

或許有人會問：找工作有必要那麼費力嗎？

我的答案是：要想做好一件事情，就不要怕麻煩。這位女士為兒子制訂的計畫，幫兒子找到了他所期望的工作，並順利通過了面試，獲得了豐厚的薪水。

需要補充的一點是，他並非從基層做起，而是直接做了經理，資歷雖淺，但薪水卻是經理級別的。

為什麼會有這樣的情況呢？原因很簡單，他申請工作時的自我推薦書幫了他大忙，為他節省了十餘年的時間，避免了從基層慢慢攀升的辛苦過程。

如果從基層做起的話，實現目標的時間會變得很久，假如運氣不好，希望的職位便有可能遙遙無期。

從基層做起，然後步步高升，似乎很合理，但有一個不爭的事實足以否決這一看法：從基層做起的人數眾多，讓上司發現你的才能的機會就會變得很小，因此許多人不得不始終留在基層，默默無聞。還有就是：在基層待久了的人，往往容易受到消極情緒或惡劣情緒的影響，因為基層的平庸職位已經消磨掉了他所有的志氣。當志氣失去了，他就很難再有前進的動力，就會變得聽天由命、自甘平庸、流於世故。每天的工作就像例行公事一樣，有時還會敷衍了事。這就是為什麼我一再強調許多事不應從基層做起，要努力獲取更高職位的原因。如果你選擇的職位是比基層高出幾個級別的職位，你就能很好地觀察清楚周圍的環境，在機遇來臨的時候，就緊緊地抓住它。

前途由自己掌握

我以丹．哈賓的真實案例說明一下我剛才那番話的意思。

哈賓畢業的時候，正好碰上經濟大蕭條時期，因此找工作是相當困難的。在銀行與電影兩界混跡了一段時間後，他才找到了一份自己認為很有前途的工作——銷售電子助聽器。酬勞採取抽取傭金的方式。這份工作門檻很低，誰都可以做，但他沒有顧慮這些，只認為這是一次重要的機遇。

哈賓的銷售成績極佳，並引起了競爭公司董事長安德魯斯的注意。該公司為助聽器生產公司，且歷史悠久，而哈賓極佳的銷售成績奪走了這家公司大部分的生意。

由於以上原因，安德魯斯特別想見一見這位銷售精英。哈賓應邀而來，與安德魯斯交談後，他獲得了該公司助聽器部門銷售經理的職位。後來，安德魯斯為了考驗一下這位青年，獨自去了佛羅里達，把公司的大任全部交給了哈賓。哈賓在此形勢下，在「勝利者是世界的寵兒，失敗者是世界的棄兒」的不服輸精神鼓舞下，為工作傾注了所有的精力，這次考驗為他贏得了公司副總經理的職位。這個工作是許多忠誠工作十多年的人都難以得到的職位，而哈賓卻僅僅用了六個月的時間就做到了。

有一點是需要強調的：晉升或留在基層，都取決於你自身的狀況。你掌控得好，就肯定會晉升。

同事也可成為你的益友

成功與失敗，就是一系列行為的最後結果。假如你崇拜一位勝利者，那一定會對你有益。哈賓與美國著名足球教練的交往就是一個明證。哈賓在與自己崇拜的英雄的交往中，獲得了無比的成功的渴望，毫無疑問，正是因為這種渴望，才使得聖母足球隊舉世聞名。

我始終認為，事業成功與否與你共事的人有非常重大的關係。對此我能夠以我兒子布雷爾和哈賓共事的事實作證。當時雖然哈賓給布雷爾的薪水比其他公司願意付的薪水要少一半，但在我的意見的影響下，布雷爾接受了哈賓公司的工作。因為我確信，與一個勇敢面對困境的人相處，獲取的收穫是無法用金錢衡量的。

對大部分人來說，長期待在基層都會感到枯燥乏味，因此，我要提出一些方法，能夠使你遵循正確的計畫，獲取成功或財富，而不必辛苦地從基層做起。

以專業知識使創意獲利

假如你具有想像力，並且你正在為個人事業的發展謀求出路，那麼這一想法對你將會很有幫助，它可以激發你的思維，使你獲得常人難以想到的創意。這一想法也會使你獲得豐厚的利益，遠遠高於那些接受過多年大學教育的醫生、律師或工程師。

好的創意是無價的，具有不可估量的價值。

要謹記的是：無論你擁有怎樣的想法，都是離不開專業知識的。而僅僅有專業知識，缺乏好的創意或沒有豐富的想像力，獲得巨大的財富或成功仍是很難的。因為想像力可以將專業知識和現實世界聯繫起來，從而產生具體的計畫，這是獲得財富一個很必要的條件。

假如你擁有豐富的想像力，就按照本章所提示給你的方法，去行動並實現自己的財富夢想吧。

創意才是首要的且是難得的，而專業知識信手拈來。當然，遵循計畫行動，你就會以更快的速度獲得成功。

第6章

想像力

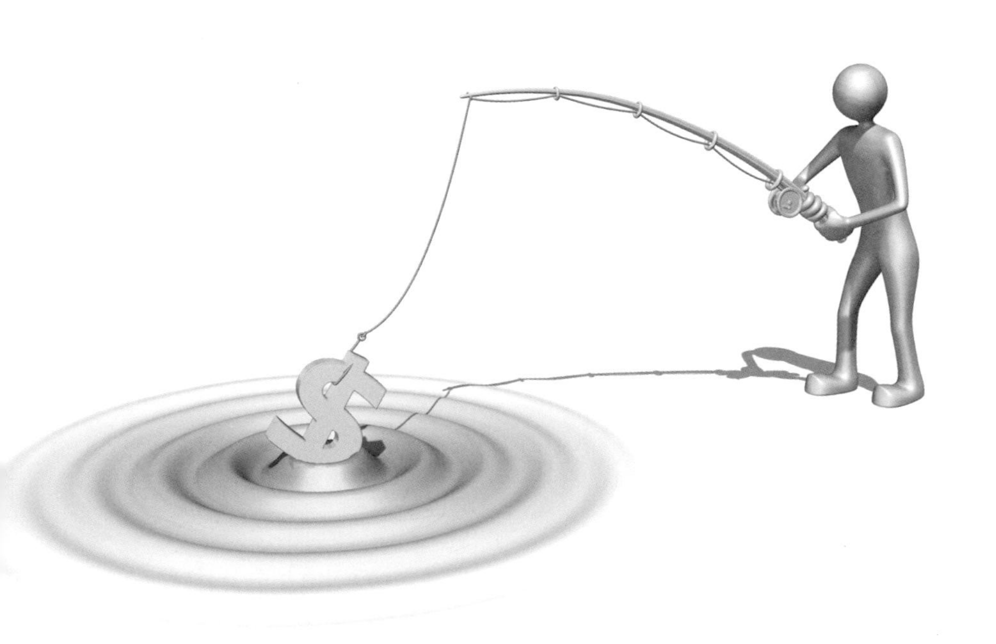

想像力是智慧的工作坊。
獲得財富的第五步：非凡的想像力。

機遇就蘊含在你的想像之中。想像力就猶如一個巨大的加工廠，我們的一切想法、渴望，就在其間加工製造。憑藉想像力，我們的意願、信念、渴望等，才有了在思維世界裡的精彩畫面，才有了實現的可能。

因而我們可以驕傲地說：想像中的任何事物，我們都可以將其創造為真實！

借助想像力，在過去的歲月裡，人類發現和運用了那麼多的自然規律。現在的我們已經征服了太空，像鳥兒般的飛翔似乎已顯落後。我們也開始遠距離地研究太陽，並測定出了它的物理、化學特性。如今許多交通工具的速度已經遠大於音速。

想像力是非常豐富的，我們對它的認識如今才僅僅開始，還只處於基礎性利用的階段。但如果不斷發揮它的作用，它的卓越之處就會逐漸被我們所知。

想像力的形態

想像力有兩種表現形式：綜合型想像力和創造型想像力。

綜合型想像力：能夠把固有的觀念、習慣、構想、計畫等綜合起來，形成一種新的意識。這種想像力並不屬於創造，是依靠原有的知識、思想儲備，達到創新的目的。許多發明家都曾利用此法，在原有事物的基礎上，對其進行創新、改造。

創造型想像力：能夠將有限的知識和無盡的智慧結合起來，從而獲得創造的靈感。借助想像力，一種新的意識在頭腦裡誕生之後，人的心靈智慧就會被調動起來，思想成熟後就會化為堅定的行動。創造型想像力往往是自行產生的，在繁忙的緊張狀態和強力渴望的刺激下，很容易產生出來。而且創造型想像力是越運用越靈活，越運用越具有創造力。

優秀的商界領袖、音樂家、詩人、作家等，都深諳在綜合型想像力的基礎之上，運用創造型想像力的秘訣。

渴望是你的意念、衝動，它經常是模糊不清的、抽象的、轉瞬即逝的，你很難發現它的蹤跡，並準確地抓住它，除非你可以將它變成一種有形的物質。因而，你很有必要運用想像力將渴望進行深度加工，使其具有創造性，且明確清晰地成形。

致富法則

我們生活的世界、我們人類和其他任何事物，都是通過演化才形成的。在演化的過程中，細小物質的組合是奇特且井然有序地排列著。

還有就是，在這個地球上，人的每一個細胞或組成細胞的物質都是源自一種無形的力量。

渴望是一種強烈的意願，而這種意願又充滿著能量。

當你有渴望這種強烈的意願時，你就是在運用一種無形的能量，正是這種能量控制著大自然，甚至是宇宙萬物。

在運用法則之前，你要先熟悉並掌握它。儘管這一秘訣看起來有點模模糊糊，不是很清晰，但這一秘訣是沒有秘密的。一切事物本身都可以揭示其中的真理，不管是天上的星辰，地上的葉子，還是我們自己本身，都能夠做到這一點。

下面的練習和講解的原理將會使你對想像力理解得更透徹，仔細地研究它，你的思路將會更加清晰，重要的是在你學習的過程中，你會逐漸增強想像力這一能力。

獲得財富是不能沒有構想的，而構想又來源於想像力。下面讓我們來看一下，構想是怎樣創造出財富的，以證明想像力的巨大作用。

神話般的財富

五十年前的一天，一位鄉村醫生駕著馬車進城。拴好馬後，就溜進了一個藥鋪，和藥鋪裡的小夥計攀談起來。攀談了大概一個小時之後，鄉村醫生走出藥鋪，從馬車上取來了一口黑鍋和一塊調和用的木片。小夥計仔細檢查了黑鍋之後，取出一疊鈔票，總共是五百美元——他的所有積蓄，交給了鄉村醫生。

鄉村醫生又遞給小夥計一張紙條，紙條上寫的是一個秘方，一個可以使小夥計獲得巨大財富的秘方，它的寶貴達到可以贖回被押為人質的國君的程度。小夥計真正想購買的並不是鄉村醫生的那口黑鍋和木片，而是紙條上那簡單的幾個字。他後來獲得財富，說明當初付出的那五百美元是值得的，因為那口鍋裡沸騰的全是黃金，就猶如阿拉丁神燈顯靈一般。

黑鍋、木片、紙條上的秘方，都是小夥計偶然得到的，但最終讓黑鍋的神奇性施展出來的原因，在於小夥計在那個秘方之外加入了常人不知道的神奇成分。

你可以試著猜猜看，小夥計究竟在秘方裡加了什麼，而讓黑鍋流出黃金？

這個故事聽起來似乎很離奇，但絕對真實，故事的開端完全始於構想和創意。黑鍋裡產生的東西不僅已經被無數的人使用，而且為無數的人創造了財富。這口鍋為種植甘蔗、加工提煉糖和食用糖推廣者提供了無數的工作機會。

這口鍋每年會消耗無數的塑膠瓶、玻璃瓶，這樣也就為眾多的塑膠廠工人、玻璃廠工人提供了就業機會。

這口鍋也為許多的店員、廣告商及相關工作者帶來了就業機會，還曾使幾十位廣告設計師名利雙收。

這口鍋曾使一個名不見經傳的南方小鎮，搖身一變成為南方的一個商業大都市，城市裡的各個行業和所有市民都是受益者。

這口鍋包含的構想和創意，已使世界上的所有國家獲益，並且所有接觸到它的人都會從中受益。

這口鍋還創建和支持了一所著名大學，無數追求成功的學子紛至沓來，在此完成了他們的教育。

假如這口鍋裡的神秘物質能夠開口說話，那它一定能夠用世界各國的語言與我們交談。

你是誰，你在哪裡，從事著什麼工作並不重要，但如果你看到「可口可樂」這幾個字，請一定要堅信：看似簡單的構想或創意，也可以創造巨大的財富。

停下來，靜靜地想一想。本書所講述獲得財富的每一步，都是你通往成功的關鍵。可口可樂取得了巨大成功，其影響力擴展到世界上幾乎所有城鎮、鄉村，遍及大街小巷。你有像可口可樂這樣的構想或創意嗎？如果你的構想或創意同樣有價值、正確，你也會創造出輝煌的成就。

創意變財富

如果你認為獲得財富的方法只有勤勞與誠實守信，那麼一定要杜絕這樣的想法。當你獲得巨大財富時，絕不可能僅僅是因為你的勤勞、機會、運氣等，更多的應該是你清楚了目標，且有計劃地行動。

意念是發揮想像並採取行動的衝動。優秀的銷售人員應該都知道，銷售無門或無路的時候，意念總能助你一臂之力。平庸的銷售人員因為對此一無所知，造成他們只會處於平庸的狀態。

曾有位出版特價書的商人，他就發現了這樣一個事實：多數買書的人並不關注書的內容，而關注書的名字。如果一本書滯銷的話，改一下書的名字，這本書的銷量就會有所增長。

此事或許簡單，但卻包含了創意和想像力。

創意是沒有定價標準的，如果你足夠精明的話，定價權就完全屬於你。

多數財富的故事，都離不開創意人和創意推銷人的緊密合作。卡內基身邊就簇擁著一大批這樣的人士，他們通力合作，有的人思考辦法，有的人付諸行動，最終卡內基與合作夥伴都獲得了巨大的財富。

大部分人都期望自己有財富從天而降這樣的幸運，但這種幸運能給人的機遇很有限，你確定的、可靠的事情絕不會來源於你的幸運。我自己也曾有過一次幸運，但我的這次幸運是以二十五年的艱辛努力作為代價的。

這次幸運是：我很榮幸地結識了安德魯．卡內基先生，並與之合作。卡內基先生教導我要組合整理成功的原則，使這些原則上升為一種成功哲學。在以後的歲月裡，許許多多的人都因我二十五年的艱辛研究而贏得財富，而一切的開端卻是每個人都可創造的信念。

固然我的幸運來自於卡內基先生，但我二十五年的艱辛努力，卻是沒有幸運可言的。只有在你擁有熾熱的渴望，達到近乎癡迷程度的時候，你才會戰勝一切不利的或消極的因素，而獲得你渴望得到的。

卡內基在我心中培植下創意時，它還需要扶助才能成長，當它逐漸長大，變得堅強的時候，就會反過來影響你、驅策你。創意往往就是這樣，你必須先賦與它生命，它才會擁有力量，獲得力量後，才有能力為你排除萬難。

創意所具有的力量，遠遠大於創造它的大腦，大腦歸入塵土後，創意依然會存在。

想像力就猶如一個巨大的加工廠，可以將意識轉化成你渴望的財富和成就。培養你的想像力吧，因為財富秘訣就在其中。

第

7

章

認真地計畫

計畫可將渴望變爲切實的行動。獲得財富的第六步：精心計畫。

通過對前幾章的學習，我們可以得知：我們所創造的一切，都以內心的渴望為開端，從抽象到具體，然後借由想像力的力量，加工整理出實現渴望的計畫。現在具體地講一下制訂實用性強的計畫的一些基本方法。

1.盡力和與自己需求相同的人結為同盟，共同探討計畫，從而制訂出正確而清晰的計畫。（這一點在第10章的「智囊」裡還會提到。）

2.你必須為智囊團裡的每個人提供一些好處或利益，以爭取他們的精誠合作。因為不可能所有的人都會在沒有酬勞的情況下，甘心與你合作。當然付出的酬勞並不只限於金錢。

3.制訂好計畫以後，要經常與智囊團的成員碰面，以獲取更大的進步，直至你獲得財富的計畫得以實現。

4.在實施計畫中，你要始終保持與每一個成員的和諧關係。沒有和諧的關係，往往會面臨失敗，因為這將使智囊團這個集體的作用不能很好地發揮出來。

以下的兩點也請謹記：

1.為了確保成功，一定要制訂出一個萬全的計畫。

2.你一定要善於與他人合作，因為你的知識、經驗、能力或想像力即使很充分，還是會有所欠缺。借助他人，將使你的各方面能力有所提升。

沒有人能夠脫離集體而獲得巨大財富，畢竟集體智慧是大於個人智慧的。因此，你要努力使計畫符合智囊團成員的要求，即使要堅持，也必須要得到智囊團成員的認可。

計畫失敗了，就用新計畫替代

大多數人慘遭失敗的一個主要原因就是：缺乏堅強的毅力和拼搏的勇氣。因此而不能為了實現自己的目標，不斷地創造新的計畫，以取代失敗的舊計畫。

如果你的計畫不具有實用性，那即使你再精明，也不能實現你的目標。因此在你慘遭失敗的時候，就要回過頭來考慮一下，你的計畫是否真的可行，直到你確定計劃是正確的，再重新行動。

在此過程中，你要始終堅信：失敗只是暫時的，沒有永遠的失敗。許許多多的人都因為沒有一套獲得財富的正確計畫，而使得終生窮困。

有一點你必須清楚：一個正確合理的計畫，勝於你的才能。

詹姆斯·希爾為了建造橫跨美國的鐵路，不得不募集資金，但卻一再失敗。最後因他推出了新的計畫，而扭轉乾坤。

亨利·福特在事業初創時期和頂峰時期，都曾遭遇過挑戰和失敗，但都因執行了新計畫，而最終獲得了勝利。

我們在瞭解一些偉大人物時，總是只關注他們成功的光芒，卻忽視他們成功背後的辛酸和辛勞。

失敗應該成為一個信號，一個需要你重新擬訂計畫的強烈信號，憑藉著這個新的計畫再次起航，迎風破浪，直到抵達目的地。遇到失敗就輕言放棄的人，是不會獲得成功的，因為勝利者必須具有百折不撓的精神，絕對不會放棄自己的目標。你最好把這句話寫下來，將它張貼在一個你隨時都可以看得到的地方。

挑選智囊團成員時，要盡力避免選擇意志薄弱、輕言放棄的人。

以推銷自己的想法和服務為開端

每一個獲得了巨大財富的人，都曾有以向他人提供服務來開始自己的事業的經歷。比如你可以向他人提供一個創意，以此來獲得報酬。如果你沒有什麼財產作保障，那就大膽地推銷自己的想法和服務吧，除此之外，你很難累積起創建事業的原始資金。

領導者從追隨者開始

籠統地說，人類可分為兩種：領導者和追隨者。

在你事業開始的時候，你就要決定好自己要做領導者還是做追隨者。你應該清楚兩者的收入差別很大，追隨者是不可能超過領導者的。而許多追隨者常常懷有獲得多於領導者薪資的妄想。

領導者在最初時也是追隨者，但他們不可能永遠只做個追隨者，因為他們充滿了智慧，能夠獲得領導者應具備的能力及素質，從而將自己塑造成領導者。他們總是能夠聰明地追隨一個領導者，並以最快的速度成為領導者。

領導者之必備條件

要想成為一名優秀的領導者，以下的條件是必需具備的：

1.在深刻認知自己職業的基礎上，要充滿自信心和勇氣。沒有下屬會願意長期追隨沒有自信心和勇氣的領導者。

2.自我克制。沒有自制能力的人，是很難控制他人的。

3.富於正義感。

4.果斷做決定。不能果斷下決定的人，往往缺乏自信，這樣的人也是很難成為領導者的。

5.明確而清晰的計畫。優秀的領導者都應該知道自己的計畫和目標是什麼，如果不知道的話，就會像沒有舵的船一樣，迷失方向，下屬也一定會一片散亂。

6.勤勤懇懇地工作。優秀的領導者都應該為工作付出更多的代價，並通過努力工作為下屬做好榜樣。

7.人格魅力。優秀的領導者都應該擁有獨特的人格魅力。懶散、冷漠的領導者是不可能受到下屬尊敬的。

8.同情心和體諒之心。優秀的領導者必須具有同情和體諒之心，應該更多地關心下屬，當下屬遇到棘手問題時，能夠為他們解決的就將其解決。

9.精通專業知識。優秀的領導者應該對自己所從事的事業領域瞭若指掌，並具有與之相關的堅實的專業知識。

10.敢於承擔責任。有時候，優秀的領導者必須敢於承擔下屬所犯的錯誤。首先，因為下屬犯錯通常也可以說明是領導者失職；其次，只知推卸責任的領導者，並不是一個合格的領導。

11.精誠合作。優秀的領導者必須能夠靈活地運用這一原則，並督導你的下屬也能夠做到。領導者離不開權力，而權力離不開精誠合作。

領導者的領導方式有兩種：一是與部屬同心同德並取得下屬支援的領導方式，另一是帶有強迫性的領導方式。

許多歷史事例都說明，帶有強迫性的領導是不會長久的。獨裁帝王將相的失敗、下臺、被殺等，都可表明人們不可能長期接受這種帶有強迫性的領導。

優秀的領導應該具備以上十一條原則，以這些原則作基礎的人，一定能夠在各種行業裡嶄露頭角，最終成為優秀的領導人。

致使領導者失敗的十大原因

本節介紹的是領導者們失敗的主要原因。知曉「哪些不該做」和知曉「哪些該擁有」同等重要，也同樣需要銘記。

1.無力駕馭全局。優秀的領導者都需要具備駕馭全局的能力。多數情況下，做事沒必要事無巨細、大包大攬，只要駕馭好全局就好了，因此有時需要適當授權，放心大膽地讓下屬去做一些事。

2.不願做瑣碎的事。優秀的領導者必定是在必要時願意做一切事的人。「眾人之中，最偉大的人當屬眾人之僕。」此乃真理。

3.言行不一。只說不做，不能兌現諾言的領導者是不會成功的。成功的領導者只能是說一不二、身體力行的人。同時，優秀的領導者也應該知道如何督導下屬以共同努力。

4.嫉賢妒能。心胸狹窄的領導者，最不能容忍的就是下屬的能力或表現超過自己，總是擔心下屬會搶走自己的位子，實際上這樣的人是缺乏信心的弱者。而優秀的領導者卻與之相反，他們懂得培養接班人的重要意義。讓他人具有做某事的能力比只讓他做事更重要，這個道理是顛撲不破的。優秀的領導者憑藉著他們的人格魅力，能夠促使下屬工作效率大幅提高。

5.缺乏想像力。沒有豐富想像力的領導者，在應對棘手問題或制訂有效計畫時，就會毫無辦法，束手無策。

6.自私自利。優秀的領導者絕不會居功自傲，從來都是把功勞看作是集體或下屬的，只有這樣才能受到下屬的歡迎。因為這樣的領導者都很清楚，下屬在得到獎賞和被讚揚的情況下，就會更加努力地工作。

7.過度放縱。過度放縱自己，使自己沉溺於一種消極意志惡習之中的領導者，得不到屬下的尊敬，最終還會自食惡果。

8.不忠誠。這一點或許應該是導致領導失敗最嚴重的原因。對事業、對公司職員都不忠誠的人，不可能長期佔據領導地位。這樣的人無論從事什麼行業，都會受到他人的鄙視，永遠不會獲得成功。

9.以權勢壓人。優秀的領導者絕不會以權勢壓人以及濫用權力，因為他們知道贏得下屬信任的關鍵是上司與下屬的精誠合作。以大壓小的領導方式，既不能團結下屬，也不能激勵他們。

10.重視「官階」。要贏得下屬的愛戴，並不能僅僅依靠領導者的職務高低，過於重視頭銜的人是因為他們對自己缺乏信心，這樣的領導者是不會有所成就的。

以上十條是導致領導者失敗的最普遍原因。如果你想做一名優秀的領導者，你不得不正視這些原因，並且努力規避這些錯誤。

急需新型領導的領域

在你學習完本章以後，你最好集中精力於以下這幾個領域。這幾個領域的領導層始終處於更迭之中，這樣你會有更多成為領導者的機遇。

1.政治領域。這一領域始終都需要新型領導者，具有前瞻性，能夠審時度勢和與時俱進的新型領導者是最迫切需要的。

2.金融領域。金融領域是瞬息萬變的，而且需要不斷地進行革新，因此非常迫切需要新型領導者。

3.工業領域。不損害個人和集體利益，能夠維護好企業信譽和形象的新型領導者也是非常需要的。

4.宗教領域。保證信徒的塵世要求得到滿足，能夠解決他們燃眉之急的新型宗教領袖仍是社會很需要的。

5.法律、醫學、教育等領域。這幾個領域都總是需要新型領導者的，尤其是教育領域。因為領導者必須努力學習先進的教學方法，這樣的領導者能夠使學生們更好地學習知識，而且他們重視實踐，不空講理論。

6.新聞領域。在資訊快速增長的當代，新型領導者更是特別需要。

我列出的只是幾個領域，如今的世界瞬息萬變，人的思維習慣和接受能力也應該有所改變，以適應新的形勢。

何時和如何申請工作

以下所講的內容是我多年的經驗總結，這些經驗曾有效地幫助許多人找尋到了內心渴望的工作。經驗表明，下面的這些方式能夠同時滿足求職者和求才者兩方面的要求。

1.**人力仲介公司**。要謹慎地選擇人力仲介公司，最好挑選一些知名度高，這樣才能有一定的保障，此外，還要挑選能夠提供優秀業績記錄的人力仲介公司。

2.**廣告**。在報紙雜誌上刊登廣告，要有針對性，努力尋找雇主經常關注的地方。廣告內容最好由專業人士操刀，因為他們知道怎樣吸引人們的注意力。

3.**求職信**。對於所申請的職位較有把握的話，可以直接寄去求職信和履歷表，以證明自己的求職資格。求職信和履歷表最好由專業人士背書。

4.**熟人推薦**。通過人脈關係申請工作，雙方都容易取得信任，求職也就會很順利。尤其是想謀求高階職位的人，為了不讓對方產生「自吹自擂」的印象，最好使用本方法。

5.**直接申請**。當面提出申請，多數情況下效果會更好些。但一份詳盡的履歷表仍是必需的，因為你必須讓對方瞭解你。

履歷表應納入的內容

履歷表要力求詳盡，就像律師上庭前準備法律文件那樣詳備。如果你對此缺乏經驗，最好找一位專業人士幫助你。不管怎樣，以下的內容最好全部包括進去。

1.**教育背景**。簡潔地寫出你受過的教育，包括你的專業、成績，以及一些課外培訓課程。

2.**工作經歷**。儘量列出對你有利的所有工作經歷，而且越詳細越好，這樣會讓雇主相信這些工作經歷是真實的。

3.**推薦信**。假如在你的履歷表中，附帶學校教授、過去雇主和知名人士的推薦信，在謀職時會對你大為有利。因為幾乎所有公司都渴望瞭解他未來的雇員的以往表現。

4.**粘貼照片**。履歷表上一定要粘貼尺寸合適的照片，而且是近期的脫帽正面照。

5.**申請的職位**。申請時，一定要標明具體的職位，這樣才能命中目標。絕不能寫「任何工作皆可」，因為這既表明你沒有特長，又表明你有點目空一切。

6.**勝任職位的資格**。對於你申請的職位，你一定要列出你的依據——資格，而且要儘量詳細，充滿說服力。這是履歷表中至關重要的部分，有著決定性的作用。雇主看重的其實就是這一部分。

7.提議錄用。這樣的提議很重要，因為它表明你對自己充滿了信心，說明你確信自己能夠勝任申請的職位，並且有必得的決心。

8.瞭解你申請的公司。你對申請的公司越瞭解，在求職時越有優勢。同時你也能夠知道這家公司是否適合你。

另外，不要嫌履歷表太長。你展示得越充分，雇主獲得你的相關資訊就會越多。一般情況下，雇主是希望全面瞭解你的。還有，你的履歷表一定要保持乾淨整潔，以表明你是一個做事細心的人。

履歷表製作結束之後，一定要裝訂整齊，然後在封面按照下面的格式寫上標題。

> 履歷表
> 申請者：羅伯．史密斯
> 申請職位：勃蘭克公司總裁秘書

優秀的推銷員都知道第一印象的重要性。而你的履歷表就像一位推銷員，你必須給它穿上美麗得體的衣服，才能給雇主留下深刻的印象。擁有好的第一印象，也就可能意味著你的薪資水準會高於其他求職者。

如何得到渴望的職位

當你從事自己喜愛和適合自己的工作時，心情往往會很愉悅，且會有很高的工作效率。畫家喜愛在畫布上塗抹色彩，手工藝者喜愛動手創作，作家喜愛沉醉於寫作。即使是沒有特殊天賦的人，仍會偏愛於某項工作。如果說如今的社會有什麼優點的話，那提供了人們廣泛的工作機會這一點是無疑的。

怎樣才能找到自己喜愛和適合自己的工作呢？以下幾點值得你參考：

1. 想清楚自己期待什麼樣的工作。假如這項工作你找不到，那就選擇創造它吧！
2. 清楚你想在什麼樣的公司工作或願意為誰工作。
3. 瞭解你選定的公司，如研究它的政策、人事以及晉升制度等。
4. 進行自我剖析，認清自己有什麼樣的才能，然後分析自己能做什麼。
5. 不要太關注哪一項工作應該屬於我，應該集中精力分析自己可以做什麼工作。

6.具體而明確的計畫形成之後，最好將其整理成書面資料，並力求簡潔詳細。

7.時機成熟時，就將這份書面計畫提交給公司的相關人員，由他們定奪。有一點是很確定的：任何公司都會隨時為對公司發展有利的人、向公司敬獻有價值的建議的人敞開大門。

遵循以上方法行事，可能會佔用你幾天或幾周的時間，但憑藉它，你一定可以在收入、晉升或受上司賞識等方面取得實質性的發展。憑藉它，你也能夠較早地實現你預定的目標。

無論你從什麼時候開始按照以上的方法行事，再經過精心策劃，都會取得一定的成就。我們的行為往往決定了我們所處的環境，這一原則不僅支配著企業，也支配著你這個人及你的經濟地位。因此，遵循本節的方法放手去做吧！

推銷自身服務的新途徑

要想實現自身利益而推銷自我的人，一定要知道雇主與雇員的關係。理想的關係是一種友好合作的關係。這其中包括：雇主、雇員及服務對象。

之所以說這種推銷自己的途徑是新的，是因為未來的雇主和雇員的關係將是合作共事的關係，為了同樣的利益而展開合作，尋求為大眾提供服務的機會。

而過去則不然。雇主與雇員是一對極為矛盾的結合體，他們之間是討價還價的，到頭來既損害自身的利益，也會損害大眾的權益。

禮貌和服務是今天的服務業的必備因素，它不僅適用於雇主，還應適用於雇員以及一切為大眾服務的人。因為總的來說，雇員和雇主都是受雇於大眾的，沒有了大眾的支援，再好的服務又有什麼用呢？

我在研究煤炭工業發展緩慢的原因時發現這樣的情況：煤礦經營者與雇員因薪資互相討價還價，於是煤礦經營者提高了雇員的工資，但後果是導致了原煤價格的提升。

但可喜的是，這種情況卻為燃油設備廠和原油產銷者帶來了新的契機。

我們的聲望、地位如何，我們是否擁有財富，都是我們自己的行為造成的。如果在商業、金融、運輸等領域存在著操縱一切的因果原則，那麼一定也有同樣的一個原則在掌控著我們的行為以及我們的經濟地位。

執行你的「QQS」

任何人都是自己的推銷員，他服務的品質和精神，決定了他是否會被錄用以及他的薪水等。要想有效地向他人推銷服務，那就必須遵循「QQS」原則。「QQS」原則就是服務的質（Quality）、量（Quantity）、精神（Spirit）三者融合的成功推銷術。你不僅要瞭解這個原則，而且要運用它，使之成為你的習慣。

為了更好地瞭解這個原則的價值，以下詳細地分析一下。

1.質。服務的質應該這樣理解：和職位相關的所有工作，都必須採用最有效的方式對待和解決，努力做到精益求精。

2.量。服務的量應該這樣理解：養成時時刻刻提供服務和認真工作的習慣，使之成為一種自覺行為。並以此培養經驗，提高技能。

3.精神。服務的精神應該這樣理解：謙和友好的舉止習慣，這樣的習慣不僅能夠和諧公司內部的人際關係，還能夠促進與客戶的精誠合作。

僅僅有服務的質和量並不能使你贏得長久的利益和獲得較大的晉升，而服務的精神，才是最終決定你的工作是否持久和你的薪資高低的關鍵性因素。

我之所以強調人格魅力的重要性，是因為它能夠使人精神飽滿地從事工作。有了它，你能夠彌補很多方面的不足，而且任何事物都不能替代它。

頭腦的資本價值

如果一個人是依靠他的個人服務維持生活，那麼他和銷售商品的人是一樣的，也必須遵循相關的規則。而許多人卻認為自己沒有必要遵循那樣的行為準則和規則。

消極被動的銷售模式已經過去了，代替它的將是積極型的服務型銷售。頭腦的資本價值取決於你的創造性收入，年收入往往僅占頭腦資本價值的六%，這說明，頭腦資本價值要遠遠多於實際的金錢收入。

還有一點就是，頭腦的價值不會受經濟不景氣等因素的影響，只會增值而不會貶值。同樣的，它也不會被盜取和消耗掉。

只有在智慧的頭腦的配合下，企業的資本才不會像沙塵般毫無頭緒和意義。

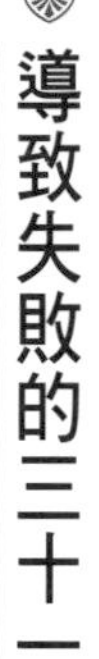

導致失敗的三十一種因素

人生的最大悲劇或許就是執著努力地奮鬥了，最終卻是失敗。成功的人總是占少數，而遇到過失敗和正在經歷失敗的人卻是占大多數。在一次調查研究中，我發現一千人中，竟有九十八%的人都失敗過。經過總結歸納，我認為失敗有三十一項原因，而獲得財富有十三個原則。這裡將介紹失敗的三十一項原因，在你閱讀的時候，請仔細地和自己的實際情況做對照，然後找出阻止你成功的障礙。

1.先天不足。天生智力上就有缺陷的人，是很難進行彌補的。但「勤能補拙」有時候是有效的。

2.沒有明確的人生目標。沒有明確目標的人，就不會有成功的希望。在我分析過的一百個人當中，竟有九十八個人因為沒有明確的目標而遭致失敗。

3.沒有雄心壯志。對什麼都漠不關心，沒有上進心，也不願意付出代價。這樣成功的希望也就沒有了。

4.所受教育程度不高。這點彌補起來比較簡單。經驗證實：僅僅有一張大學文憑是完全不夠的，而自學是成長的最好方法。知識累積的最終用途應該是運用，不能運用出來的只能是無用的知識。你獲得薪酬的唯一原因就是將知識與能力運用到工作上面。

5.不能自律。自律其實就是自我控制力，要能夠控制住自己的行為和情感。如果你想駕馭他人，做一名出色的領導者，就必須先學會控制自己，而自我控制恰恰是最難做到的。假如你不能戰勝自己，就會被自己打敗。

請記住：鏡子中的你，既是你最要好的朋友，也是你最大的對手、敵人。

6.身體欠佳。沒有健康的身體，要想成功是很困難的。而要獲得健康的身體是有方法可循並有具體措施的，例如合理飲食、培養正向的思考、鍛煉身體等。

7.童年留下的陰影。「樹苗時不正，大樹時不直」，這說明的就是：童年時受到的不良影響，往往會使人長大後走上歧途。

8.拖拉。做事拖拖拉拉，殊不知，這個「魔鬼」時時刻刻都在準備著毀壞你成功的機會。許多人之所以失敗，就是因為他們總是在等待，永遠等待就是永恆的失敗。立刻行動起來吧，將你的目標付諸實施，時不待你啊！

9.沒有不屈不撓的精神。許多人做事習慣虎頭蛇尾，不能夠做到善始善終。一遭遇挫折，就馬上退卻了。而如果具有不屈不撓的精神，就能夠戰勝所有的挫折和失敗，失敗只會望風而逃。

10. **有消極傾向的性格**。這樣的人將很難與他人建立起合作關係。

11. **不能控制衝動**。衝動屬於強烈的情緒活動，衝動時往往沒有理性，不計後果，是極難克制的。你一定要運用昇華或轉移的方法將其削弱，否則你將會被它徹底毀掉。

12. **難以克制不良的欲望**。受不良欲望驅使的人，最終只會是失敗和滅亡。

13. **沒有果斷的判斷力**。有成就的人都能果斷地下決定，而且會因情況的變化改變策略；失敗的人在做決定時經常猶疑不定，而且經常不顧現實地「朝令夕改」。

14. **恐懼**。本書的最後一章將會對六種恐懼進行詳細的闡述。六種基本恐懼中不管你具有幾種，最終都有可能遭遇不幸和失敗。

15. **擇偶錯誤**。婚姻失敗的主要原因就是擇偶錯誤。婚姻的不和諧會使人充滿不幸，這樣失敗就會乘虛而入，然後毀滅一個人的所有夢想、抱負。

16. **過於謹慎**。這樣的人往往畏懼風險，其實離風險最近的就是機遇。還有一點要注意：過於謹慎和缺乏謹慎都是不可取的。

17. **選錯合作夥伴**。商場中經常會有人因選錯合作夥伴而失敗，尋找雇主和合作夥伴都應該謹慎，最好選擇極具智慧和誠實守信的人。

18.迷信和偏見。迷信是無知的一種象徵，屬於恐懼的範疇。有成就的人往往心懷寬廣，勇敢無畏。

19.擇業失誤。如果你尋找的職業並不是你熱愛的，那你就不會有真正的成功。努力找到自己熱愛的職業吧，然後盡全力投入其中，你一定會取得成功的。

20.三心二意。要保持在一個明確的目標上勤懇努力，這樣可以事半功倍。而三心二意、游移不定的話，你將會一事無成。

21.肆意揮霍金錢。揮霍金錢的人，容易養成不勞而獲的習慣。要努力培養自己的儲蓄習慣，這樣你在求職時就可以有更多的選擇，而不是因為沒有錢，而接受自己不喜愛做的工作。

22.沒有熱情。人的熱情或幹勁是非常具有感染力的，能夠吸引和帶動周圍的人。

23.偏執。不能接受他人良言相勸的人是很難取得成功的。偏執就意味著他關掉了求知之門，出現自我崇拜的徵兆。最嚴重的偏執是聽不進不同的意見，總是盲目地排斥異己。

24.放縱。生活無節制，貪圖享受，會使人沉溺其中而不能自拔，這樣就會讓你遺忘你的事業及你內心對成功的渴望。

25. 沒有合作精神。許多人之所以失去地位和機會，是因不善與他人合作造成的。所有渴望成功的人都必須擁有良好的合作精神。

26. 能夠不勞而獲的特權。富家子弟或巨大遺產的繼承者，不需要經過任何努力就可獲得巨大財富，而這正是成功的一個阻礙。暴富往往比赤貧更危險。

27. 惡意欺騙。由於形勢所迫而撒了謊，是可以得到原諒的。而惡意欺騙，就好像策劃了一個陰謀，是既害人又害己的，這樣的人早晚會為自己的言行付出沉重的代價。

28. 驕傲與虛榮。這個弱點就好像一盞刺眼的紅燈，總是使人難以靠近，這可是阻礙成功的致命性因素。

29. 主觀臆斷替代思考。許多人都不願以深刻的思考看清事物的本質，而選擇憑藉臆斷和猜測，草率地行動。

30. 缺少資金。創立了事業，但沒有充足的資金來承受風險，即使有朋友幫助，也無法在逆境中生存。

31. 從你自己的人生經歷中，找尋以上沒有列出的原因。

以上所述導致失敗的三十一條原因，深刻道出了人生悲劇的根源。試著去理解和分析這些失敗的原因吧，而且最好找一位瞭解熟悉你的人，你們一同研究，這樣你會大有收益。你自己獨自研究也是可以的，但效果一般不會太好，因為一般人是很難看清自己的，畢竟「當局者迷，旁觀者清」。

瞭解自己的價值

「知己知彼，百戰不殆」。要想成功地銷售商品，你必須對商品很熟悉。求職也是同樣的道理，你必須認清自己的缺點、弱點，以便能夠彌補或根本性改正。當你瞭解了自己的才能以後，你就要盡力展現它，以在求職中引起相關公司的關注和重視。

有一個年輕人向某家著名公司提出了求職申請，最初他留給人的印象極好，但當公司經理就薪資問他有什麼要求時，他卻說他沒有確切的數額（通常這會被視為缺乏目標）。經理不得不說：「試用一周後再決定工資怎麼樣？」

這個年輕人立刻反駁說：「我不同意，試用期的工資肯定少於我正式工作的工資。」就這樣在最後的關頭，這個年輕人暴露出了自己的愚蠢。

請謹記：你的價值永遠比薪水更值錢。薪水當然是越多越好，但你的價值更重要。許多人都認為，自己所要的薪資就是自己的價值發揮後應得的。實際上，你在薪資上的渴求往往是與外在環境相關的，而與你的真正價值並不相關。你的真正價值則由你擁有什麼樣的才能和能夠提供什麼樣的服務來決定。

自我分析

和商品的盤點一樣，自我分析就像是在做盤點，以此來作為更有效地促進個人服務的依據。通過這樣的分析和比較，讓優勢越來越明顯，而劣勢越來越少。當然，也有人是退步或原地不動的，這與每個人的目標和毅力不同有關。自我分析最好能體現出是否前進，以及相應的程度。只要是進步就可以，哪怕進步是緩慢的。

這樣的分析最好是在年底做，透過你的分析結果，把你應該改進的內容寫入新的計畫之中。在做自我分析時，還可以尋求朋友們的幫助，在他們的監督下檢查答案是否客觀準確。為什麼要這樣做呢？因為這樣的自我分析是需要真誠的，不能自欺欺人，愚弄自己。

自我分析的方法

1. 今年我是否已實現自己曾設定的目標？（每年最好都設定一個具體而清晰的目標，以此當做你人生主要目標的一部分。）
2. 我是否已盡全力來做好服務？是否有尚待改進的地方？
3. 我服務的工作量是否充分？
4. 我在工作中，是否表現出真誠合作的精神？
5. 我做事是否拖拖拉拉，並因此工作效率低下？及因此使工作效率降低了多少？
6. 我的性格是否得到了改善？如果是這樣的話，表現在哪些方面？
7. 我是否曾將自己的計畫執行到底？
8. 無論在什麼場合，我都能夠快而準地做決定嗎？
9. 我是否曾因六種恐懼（見第14章）而使工作效率低下？
10. 無論做什麼事，我是否都太過於草率或謹慎？
11. 我與同事相處得怎麼樣？如果與同事相處得不太融洽，責任主要在誰？
12. 我是否缺乏意志力，並因此導致精力分散？

13.做任何事，我常常都保持寬容和豁達的心境嗎？
14.我的工作能力是否得到提高？
15.經常放縱自我嗎？
16.我是否有驕傲自大的行為？
17.我對同事採取的態度能否換來他們對我的尊敬？
18.我的建議或決定是源於什麼？是主觀臆斷，還是客觀冷靜地分析？
19.我的時間和收入怎樣支配？在支配時，我是否經過慎重考慮？
20.我耗費在無關緊要的事情上的時間是否很多？利用這些時間，我是否可以做更多更有意義的事？
21.我應該如何支配時間，並改善習慣，才能在新的一年裡提升工作效率？
22.我是否有過違背良心或不為良心所容的犯罪行為？
23.我所做的工作的完成水準是否高於職務本身的要求？
24.我是否曾不公正地對待過他人？假如有的話，表現在哪些方面？
25.假如我是老闆，我是否對我目前工作的完成情況感到滿意？
26.目前的工作適合我嗎？假如不適合，原因是什麼呢？

27. 老闆滿意我的工作嗎？假如不滿意的話，原因是什麼？

28. 以成功的原則而言，我應該怎樣評價自己？（評價要儘量公正、準確。）

學習了本節之後，你應該已經具備了為求職而制訂具體計畫的基礎知識。本章中既講了你求職規劃的原則，又概述了上司應具有的特徵和常常導致他們失敗的原因，並且詳細闡明了需要新的領導概念的行業有哪些，各行各業的利弊得失等問題，並列出了自我剖析的二十八個問題。

無論是已失去財富的人，還是剛剛開始累積財富的人，在事業的初始，都只能以向他人提供服務的方式獲取報酬，這樣才能漸漸地獲得發展。因此，他們必須瞭解和領悟本章所講的有價值的思想，從而獲得最大的收益。

徹底掌握了本章的資訊，會有助於你改善自我的服務，還有助於提升你的判斷能力和分析能力。這些內容對於人事部門或其他招聘員工的人來說，都具有一定的價值。對此，你如果有所懷疑，就拿出這二十八道題，認真地回答，以此來證實它的實在性和可靠性。

蘊含在財富當中的機會

每一個勤勞的公民都擁有獲得財富的自由和機會。

一個人去打獵，一定會選擇獵物多的地方，而尋找財富，也是同樣的道理。如果你想獲得財富，就不要漠視那些富裕的國家，因為這些國家的女性每年花費在口紅、化妝品上的金錢竟達到幾百萬美元。

如果你想獲得財富，也不要錯過那些每年消耗幾百萬美元在香菸上的國家。不要輕易放棄一個有許多人願意拿出幾百萬美元來欣賞橄欖球、足球、拳擊運動的國家。

請記住，這幾個方面僅僅是一切的開始，如上提到的這些國家或人的奢侈消費，其實對你來說是一個巨大的機會，因為這些商品在生產、運輸、經營等方面是大有作為的。這樣可以為人們提供工作機會。

要謹記，商品和服務的背後都隱藏著獲得財富的機遇，沒有任何事物會阻礙你去實現你的目標。

一個人假如才能出眾、受過良好的訓練、經驗豐富，那他就極有可能獲得豐厚的財富。即使不能積累起豐厚的財富，少量財富終歸是有的。任何人都能夠憑藉自身的能力在這個世界上好好地生存。

注意，機遇就在你眼前！

機遇已經呈現在你的面前，等待著你的到來、你的選擇，等待著你選擇後制訂切實的計畫，做出果斷的行動。社會賦予每個人機會，以使每個人通過自身的價值發揮獲得相應的財富，但絕不會容忍不勞而獲的人。

成功無須說明，失敗無須藉口。

決心

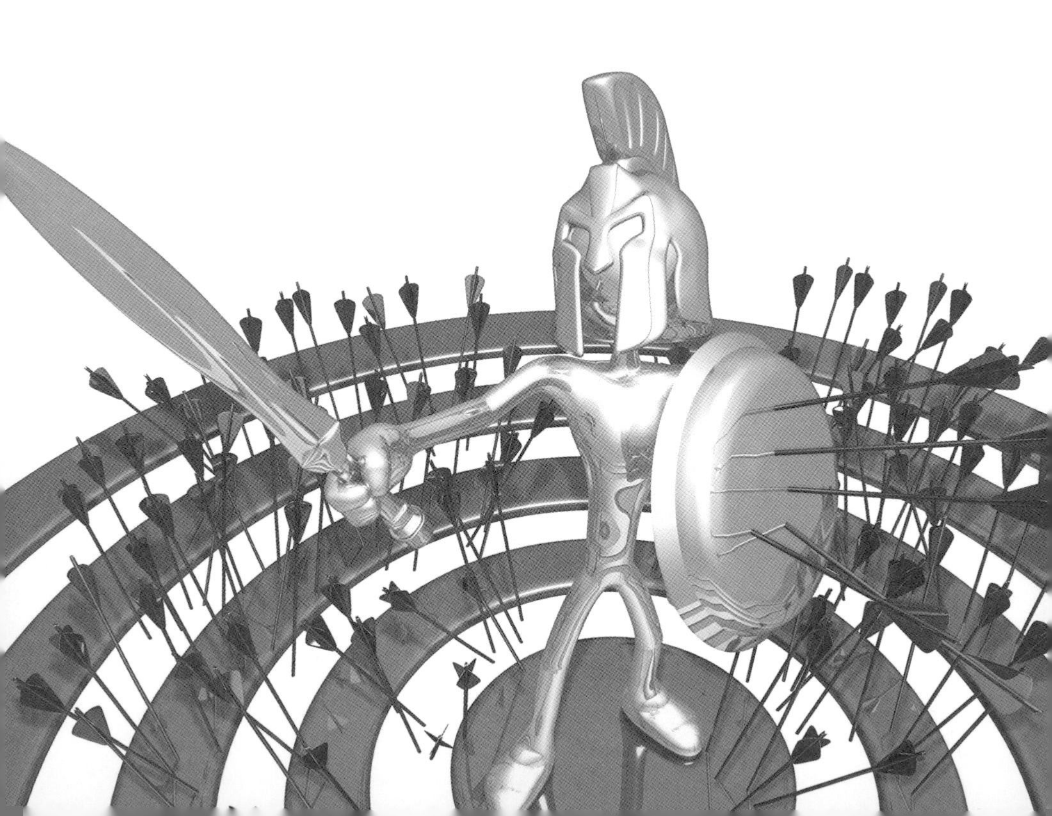

決心使你擺脫拖延的問題。
獲得財富的第七步：堅強的決心。

我對兩萬五千名男性和女性做了關於失敗的原因的統計調查，最終得到這樣的結果：在眾多的失敗原因中，缺乏決心高居榜首。

優柔寡斷，遇事迷惑，不能當機立斷，這些是最應該引起我們注意和警醒的。後來我又對幾百位總資產超過一百萬美元的人士進行了一次調查研究，結果發現他們當中幾乎每個人都具有果斷而迅速的判斷能力，並且有堅持不懈的恆心。與之相反的是，不能獲得財富的人，總是猶豫不決，並且經常更改自己的決定。

亨利·福特曾以頑固的個性著稱於世，在所有人都勸他更改T型車造型的情況下，他力排眾議，始終堅持自己的想法和意志。就這樣，曾被人認為世界上最醜陋的車——T型車大獲成功，為福特帶來了巨大無比的財富。雖然過於頑固並不適宜，但正是福特的這種性格特性，才讓他始終堅持自己的目標，未曾放棄，直至成功。這可比那些優柔寡斷、畏縮不前的人強過百倍。

關於決心的幾點忠告

每個人都有一大堆想法準備提供給所有願意接受它的人，如果你把在媒體上、報紙上或從朋友間的閒談得來的東西，當作自己的思想，那麼你的行為就很容易會受到影響，而不會形成自己的遠大目標，做什麼也不會成功。當然，財富也無從積累。

在你的意識完全被他人左右時，你的渴望也就不復存在了。

在你決定實施本書的原則時，就要執著地貫徹下去。如果向你傳授想法的人並不是你智囊團裡的人，就不要輕易相信他。但你必須保證，你與智囊團裡的人互相瞭解，且有相同的奮鬥目標。

還有一點要注意的就是，與你親近的人，尤其是親戚、朋友，總是會有心無心地向你提一些令人喪氣的建議，或給予你玩笑似的嘲弄，而恰恰是這些有心無心的話，阻礙了無數人的前進之路，使他們對前途喪失了信心，陷入了自卑的泥潭。不要懷疑，你擁有世界上最偉大的頭腦和意志，你完全可以信任它們，以實現你的目標。

如果你的能力還有欠缺，就通過你的頭腦和意志去學習，逐漸掌握你欠缺的能力，而且不要過分宣揚自己的目標，靜靜地、悄悄地去實現就可以了。

有時候，知道你的目標的人越多，阻礙你的人也就會越多。生活中常常有這樣的人：對某事一知半解、不懂裝懂，卻做出很瞭解或很有學問的樣子。這是我們人類的一個弱點。這種人總是喜歡誇誇其談，不願聽取他人的意見，你要對這種行為保持警惕。成功向來要求的是：無須多言，果斷決定，迅速行動。因為言多必行少。如果你表達意願或想法的時間過多，就會減少獲得知識、經驗的機會，並且還會有將自己的目標或計畫暴露的危險。

請謹記：假如你在一位知識淵博、經驗豐富的人面前表達看法，那就意味著，你說得越多暴露得就越多，因為學問就蘊含在你的言行裡面。真正的智慧往往是在謙遜和靜默中呈現。

還有一個事實需要你記住：和你交往的人或許也是尋求財富的人，如果你毫無遮攔地就把自己的目標或計畫講了出來，那你就會發現他人可能快你一步實現了你的目標或計畫，最終你獲得的唯有失敗。

靜默無聲地實施你的計畫吧！做一個無言的行動者。為了時刻警醒自己，請儘量把下面這句話寫成大字，將它貼在你隨時都能看到的地方。這句話是：行動勝於言說。

決心的代價

一個人的決心是否有價值，通常都要看你是否具有相當的勇氣。歷史上一些偉人的偉大決心，有時是伴隨著死亡的危險的。

林肯總統宣佈《解放黑奴宣言》，還給美國黑人自由的時候，就曾冒了巨大的政治風險。

蘇格拉底決意喝下毒酒，也是一個偉大而勇敢的決定。他以生命為代價，為未來的人們爭取到了思想自由和言論自由的權利，使世界文明的進程前進了一千年。這些都說明了，做出決定或下決心是要付出代價的，重要的是你要仔細權衡得失。

南北戰爭時期，羅伯特．李將軍放棄聯邦，投向南方，這也是一個驚人的決定。而這個決定將意味著他不僅會付出自己的生命，還會犧牲很多人的生命。

所想即所得

從這些事例中你或許會得到這樣的啟示：思想在強烈渴望的驅使下，往往能化為行動，並實現目標。不要奢望會有奇蹟出現，即使奇蹟出現，也有可能不是你想要的結果。只有自然法則或精神，才是可以為你帶來財富的硬道理。有信心和勇氣運用自然法則或精神的人，才能擁有它，並使它為你所用。

果斷而明智的人，都知道自己所需要的是什麼，這種情況下，他們的願望基本都可實現。各行各業的領導人物做決定的時候，如果清晰地知道自己的目標，那前方的大門一定會為他敞開。

優柔寡斷的不良習慣常常在你的孩提時代就形成了，這種習慣有可能伴隨你終生，在你做一切決定的時候，它都會如約而至。剛剛走出校門的年輕人，在找工作時就常常抱著隨便找一個工作就行的念頭，而正是這個念頭，使得就業後的一百個人當中，會有九十八個人處於不理想的狀態。造成這種現象的原因就是他們缺乏決心、優柔寡斷。

做決定是需要勇氣和信心的，而且是巨大的勇氣和決心。選擇職業的時候也要下定決心，不必以生命做賭注，以你的經濟情況做判斷就可以了。做決定的時候，假如你擁有像薩默爾．亞當斯那樣爭取殖民地自由的堅強決心和精神，你一定會找到理想的工作，一定會獲得豐厚的收入。

說不如做。果敢地行動吧！明確自己的目標並果斷做決定的人，往往能夠得到一般人無法得到的東西，或實現他人難以實現的目標。

第 9 章

毅力

毅力助你執著追求，堅定信心。
獲得財富的第八步：堅強的毅力。

堅強的毅力是我們將內心渴望化為財富的有力保障和不可或缺的重要因素。當內心的渴望與意志結合在一起的時候，就能夠產生一種強大的力量。我們常常有一個錯誤認識，認為凡是擁有巨大財富的人都是冷酷無情的，沒有人情味的，然而他們的確是有堅強意志，能夠將內心渴望變為現實的人。

有許多人會因遇到一點小小的挫折或阻礙，就放棄自己內心的渴望和目標，從而前功盡棄。僅有少數人會不斷地戰勝困難，始終勇往直前、堅持不懈，直到達到目的。

毅力，是每一個渴望成功的人都必備的品格，就如同鋼鐵離不開碳元素一樣。

審視你的毅力

假如你閱讀本書的主要目的是學習其中的知識，那你就考驗一下自己的毅力吧，看一看自己是否能夠認真地按照第2章所講的六條途徑去做。在通常情況下，一百個人當中只有兩個人會在讀完本書後，能夠依照本書所提去制訂明確的計畫和目標。然而大多數人即使讀了本書，也無動於衷，依然重複著過去的生活而不思改變。

缺乏毅力往往會造成失敗。我多年的調查、研究發現，沒有毅力是失敗的重要原因。要想戰勝它，你必須擁有強烈的內心渴望。任何成就，都從內心渴望作為起點。哪怕很微弱的內心渴望，都有可能形成微小的成功。如果你目前欠缺不屈不撓的精神或堅強的毅力，就讓你的內心渴望熊熊燃燒吧！

如果你遵照六條途徑切實地做了，那你的行為和熱情將決定你獲得財富的渴望有多強大。假如你對財富仍是置之不理，那就說明你還沒有養成財富意識。經過觀察，你如果發現自己缺乏毅力，那就將自己的注意力傾注在「力量」上，並調動智囊的積極作用，通過集體的合作和努力，培養出自己的毅力。根據前面幾章的敘述，你一定要將堅持自身的渴望培養成為一種習慣，直到銘刻進你的潛意識當中，在這樣的情況下，你的毅力自然而然地也就形成了。

因為不管你的頭腦是否清醒，你的潛意識都在工作著。

「財富意識」和「貧窮意識」哪個屬於你

如果對本書斷章取義或不自始而終地運用本書的原則，那麼你所做的一切都會變得毫無意義。要想有所成就，你必須學會運用全部的法則，並且保證使其成為你內心的習慣。這是你擁有財富意識的唯一途徑。

耽於窮困的人，獲得的只會是窮困。擁有財富夢想的人，財富就會主動地降臨在他身上。兩者是同質的。你的內心不被財富意識佔領，就會被窮困意識攻佔。當你的行為與窮困者相似的時候，窮困意識就會隨之而來。因此哪怕你天生擁有財富意識，也要努力使你的內心充滿財富意識。

在你真正明白了這些道理之後，你就能夠知道，不屈不撓的精神對於獲得財富有多麼重要。在沒有堅強毅力的情況下，你會不戰自敗，而擁有的時候你必然能夠勝利。

如果你經歷過噩夢，你就能更好地意識到毅力的可貴價值。就如同你躺在床上，肌肉疼痛、麻木、無法動彈的樣子，這時的你一定渴望恢復對自己身體的控制。那就運用你的意志力吧，從控制一個手指開始，擴展到你的手臂、你的腿，直到你掌控全身，從噩夢醒轉。這個過程是緩慢但有條不紊的。

擺脫思想惰性

擺脫思想惰性同樣需要運用這樣的方法。剛開始的時候或許緩慢，但逐漸你就會加速，直到你完全控制了你的意識，而且無論多麼困難，你都必須堅持不懈。這樣思想的惰性就解除了，成功伴隨著堅強的毅力一併到來。

擁有堅強毅力的人，常常能夠立於不敗之地。可貴的是，他們即使經歷多次失敗，也不會喪失信心，仍會懷著堅強的決心，向自己的目標堅定不移地努力。這是否會讓你覺得冥冥之中存在著一個統治者，他總是以令人絕望的失敗來檢驗人們。經得起考驗的人，終會成功；在考驗面前倒下去的人，就只能是毫無成就，無所作為了。

失敗後爬起來的人，大多會因為他所具有的毅力而獲得成功。這樣的人能夠實現幾乎所有他們希求的目標，並且能夠獲得比財富更有價值的事物，如智慧、幸福等。

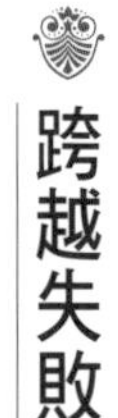

跨越失敗

具有堅強不屈精神的人，始終都認為失敗是暫時的，他們總是能憑藉強烈的內心渴望反敗為勝。人生中有許多人，因一時的失敗而倒下去了，再也爬不起來。關於此，我不得不說，就是因為他們沒有毅力，才使他們因一次失敗便一蹶不振，如此，他們必定不會收穫成功，更不會有所成就。

此時我停下手中的筆，抬起頭看了看街對面著名的百老匯。它既是理想破滅的墓地，又是機遇的舞臺。全世界有許多人慕名而來，有的人是為了找尋名譽、愛情；有的人是為了追求財富、權力。探尋者當中總會有人脫穎而出，成為新的主角。然後所有人都盛傳又有人征服了百老匯，但百老匯是不會那麼輕易就被征服的。只有不輕言放棄的人，才能夠將所有的智慧和能力運用到實現目標上。這樣便順其自然地獲得了財富或成功，也就征服了百老匯。

這就是征服百老匯的秘訣——毅力。因此可以說，不屈不撓的精神是想獲得巨大財富的人必備的特質。

芬妮．赫斯特的奮鬥歷程就充分說明了這一秘訣，因為她是因自己的毅力才將百老匯征服的。赫斯特女士初來到紐約的時候，是依靠寫作為生的。按照這樣的生活方式，她過了四年。在這四年的時光裡，她白天打工，晚上耕耘自己的夢想。即使生活很糟糕，她也並沒有對自己說：「百老匯，你勝利了，你擊敗了我。」而是這樣說道：「百老匯，你可以擊敗任何人，但絕對無法擊敗我。我不會服輸的！」

她的稿子發表之前，有一次竟然收到了三十六張退稿單，一般人接到這麼多的退稿單一定會對寫作失去信心的，而她卻不是這樣，她連續堅持了四年，終於迎來了自己的成功。最終，她戰勝了重重困難贏得了成功。自此之後，出版商紛紛前來向她求稿，她的財富因增長過快，以致無法計數；不僅如此，她還在電影界大放異彩。總之，她的輝煌事業真是如日中天。

由此可以看出，但凡獲得了巨大財富的人，都具有堅毅的精神。當凱迪・史密斯讀到這裡的時候，她一定會情不自禁地說：「阿門」，因為許多年之前，她也經歷過沒有錢沒有地位的生活，當時只能在麥克風前唱唱歌。之後她也憑藉著強大的毅力跨越了失敗，抓住了人生的機遇，從而一舉成名，有資格和能力向百老匯開一個天價。

培養毅力的原因

毅力是一種可以培養的心理狀態，和所有心理狀態一樣，毅力的培養也是需要一定條件的。其中包括：

1. **明晰的目標**。一個人，只有知道了自己渴求的是什麼，才會形成強烈的動機激勵自己勇敢前行。這是培養毅力最為重要的一步。

2. **內心的渴望**。渴望越強烈，你獲得毅力就越容易。

3. **自我激勵**。自我激勵是以信心為基礎的，它能夠極大地激勵你堅持不懈地實現目標和戰勝所有困難。

4. **條理清晰的計畫**。假如你的計畫條理清晰（即使有一些局限性或不完美之處），就能夠引發出極大的毅力。

5. **付諸行動**。要善於客觀細緻地觀察和分析，而不要主觀臆斷。

6. **協作的精神**。和諧相處和精誠合作，往往能夠激發出人們的信心和毅力。

7. **意志力**。意志力可以助你集中意念於你的目標和計畫。

8. **習慣**。把培養毅力長期地堅持下去，就會形成難以改變的習慣。這樣的毅力也可劃入潛意識的範疇，因它也具有恆常性。

測驗毅力

請認真地分析一下你的毅力程度怎樣，以及以上的八點中你欠缺什麼。這樣做，你會更加地瞭解自己。

當你發現自身毅力上的弱點及相關原因後，你才能找到戰勝這些弱點的辦法。弱點主要由以下這些因素構成：

1. 不知道自己的內心渴望什麼。
2. 做事拖拖拉拉，並經常以藉口掩飾。
3. 不願獲得專業知識。
4. 優柔寡斷，沒有責任心，總試圖找藉口推卸責任。
5. 難以制訂出明晰的計畫。
6. 自高自大。一種不治之症，有此病的人幾乎都無藥可救。
7. 對所有事都冷漠麻木，而且做事只尋求妥協、退讓，沒有上進心。

8. 常常怨天尤人，也不努力使自己擺脫不利環境。
9. 沒有強烈的渴望，行動無從談起。
10. 擁有渴望，但碰到困難就選擇放棄。
11. 計畫鬆散，不詳細，不具體。
12. 不能果斷地把握住機會，從而失去許多寶貴的機會。
13. 只知不倦地祈求，卻沒有將其付諸行動的意願。
14. 毫無渴望成功的雄心，甘受貧窮。
15. 夢想著不勞而獲的懶惰心理。
16. 怕被人批評。因怕被批評而在計畫或目標面前畏縮不前，這種心理基本上都是源於自卑。

怕被批評的後果就是在生活中你會發現，許多人在結婚之後才發覺結婚對象並不適合他們，但又不敢放棄婚姻，因為他們怕受他人的批評。可怕的結果就是：不幸的婚姻摧毀了一個人一生的夢想或生命的渴望，終生都不得不忍氣吞聲，鬱鬱而終。

因為怕被批評，許許多多的人從學校離開以後，就不打算再接受教育了。

因為怕被批評，就白白地被「要向親戚和朋友盡責任」的藉口毀了自己的一生。

因為怕失敗後被人批評，就讓恐懼佔據了自己的內心，內心的渴望也被埋沒。變得不敢再冒任何風險，對一切都失去了信心。

因為怕被人批評，許多人不再敢於挑戰任何事業，也不再有任何偉大的目標，他們常常會這樣對其他人說：「目標那麼遠大有什麼用，所有人都會嘲笑你的！」

同樣的事情在我的身上也發生過。當初卡內基先生期待我編著成功哲學的時候，我也曾因怕他人嘲笑，於內心閃現了許多藉口，以排斥這件事。例如：這件事我能做成嗎？這件事那麼重要，耗費的時間又那麼長，我有毅力做下去嗎？我的親戚、朋友會怎樣看我？在這麼長的時間裡，我怎樣生存？這樣的書從來沒有過，我有什麼能力能夠完成它？我出身卑微，對哲學又一竅不通，他人會不會嘲笑我？這些糟糕的想法讓我感覺到全世界都在關注我，嘲笑我，慫恿我拒絕卡內基先生的提議和熱切期望。

當時的我有極大的可能被這些糟糕的念頭所左右，然後辜負卡內基先生的真誠期望。後來我才得知，許多人都和我一樣，一個想法或內心渴望產生的時候，拒絕、排斥的念頭或藉口便應運而生，而且力量相當巨大，自信的力量稍有不足，你的想法或內心渴望就會被打垮。因此，想法產生的時候，就馬上制訂明確的計畫，然後果斷地將它付諸行動，這樣你才有實現它的可能。如果你經常受外在環境或他人的消極念頭影響，那麼你的目標將很難實現。

機遇的車票可以預訂

許多人都堅信，機遇會帶來財富方面的成功。這雖然有一些道理，但有一個事實就是：僅僅依靠機遇的人，最終收穫的往往是巨大的失敗和近乎絕望的下場。為什麼會這樣呢？因為許多人都忽略了成功的一個重要因素：機遇可以預訂。

經濟大蕭條時期，曾身為喜劇演員的W.C.菲伍德丟掉了工作，沒有了經濟來源。他原先賴以生存的喜劇如今已經沒落，很難再賺到錢了。當時已六十歲高齡的他，卻不得不為了生計長期奔波，但他始終沒有放棄終有一天會東山再起的渴望和追求，於是他打算在一個新的領域——電影業謀求新的發展。真是禍不單行，他又因跌跤扭傷了脖子，在這樣的不幸接踵而至的情況下，我想大多數人都會心灰意懶、傷心絕望，但堅強的菲伍德沒有屈服，挺了下來。因為他始終堅信：只要有毅力努力堅持下去，就一定能夠看到成功的希望。最終他等到了機遇，但並非僥倖。

機遇不會憑空而來，它需要你的努力才能把握和獲得的。而運用機遇還需要驚人的毅力和明確的計畫、目標。

請謹記：機遇猶如車票或機票，完全可以預訂。

培養毅力四部曲

培養毅力共有四步。按照這幾個步驟行事，不會佔用你過多的時間和精力，也不管你是否有過高的智慧。一切簡簡單單，但切實有效。

1.服從內心的渴望，明確自己的目標。

2.制訂準確而合理的計畫，並將其付諸實施。

3.不要受任何消極因素的影響，你的親戚或朋友也不例外。

4.和激勵你實現目標的人結為盟友。

要想在職業生涯中獲得成功，這四個步驟是你離不開的。如果你將這幾個步驟培養成習慣，你就會發現：

這些習慣能夠使你掌控自身的經濟命運；

能夠讓你擁有自由和獨立思考的品格；

會為你累積巨大的財富；
讓你獲得權力和名聲；
使你的夢想化為現實；
使你能夠戰勝恐懼等一切消極因素。
總而言之，你的一切內心渴望都可實現。以此四步驟為準則，你必能戰勝困難，收穫財富與成功。

克服困難

堅強的人為何總能戰勝困難？
難道他們有什麼神奇的法寶嗎？
是非凡的超自然的能量，還是無盡的智慧？
我曾觀察過許多諸如福特那樣的成功人士，發現他們通常是白手起家的，卻創建了偉大的工業帝國。在他們事業初始的階段，除了毅力，他們一無所有。偉大發明家愛迪生，一生只受過不到三個月的學校教育，然而因為毅力創造出留聲機、電影放映機、白熾燈等極大影響人類文明的偉大發明。因我對福特和愛迪生有長期的觀察和研究，因此我發現他們取得巨大成就的重要原因就是毅力。

我曾對古代的一些聖賢、哲學家、領袖們有過一定的研究，從中我發現這樣的結論：他們的成就基本上都是依託自身的毅力、努力以及堅定的目標。

第10章 智囊

智囊是前進的驅動力。
獲得財富的第九步：集體的智慧。

集體智慧的發揮，能夠為你獲得財富供給力量。無論多麼完美的計畫，都需要有足夠的力量將其付諸實施。本章即將講的就是如何汲取力量和如何運用力量。

我對這一力量下的定義是：通過集體智慧，共同實踐、努力、行動。這樣的力量足以使任何個人獲得渴望的財富，我們姑且把發揮集體智慧和力量的組織稱之為智囊團。我們無論是獲得財富還是保持財富，都需要這種力量的支援。

那麼我們如何獲得這種力量呢？既然力量是有組織的知識，那我們就首先探究一下知識的來源：

1. **智慧**。例如創造型想像力。

2. **經驗**。既可以從書本裡得知，也可以從他人的知識、閱歷、經驗裡獲得。

3. **科學實驗與研究**。知識無法從經驗裡獲得時，就只能求助於科學實驗與研究，經過理性地測試、分析、整理，從中發現規律，也就獲得了知識。

以上就是知識的來源。我們借助知識制訂計畫，然後按照計畫付諸實施，將知識轉化為前進的力量。但實際的情況往往是，你的目標越遠大，你前進的阻力就越大，這時如果運用集體的知識和智慧，就可以事半功倍、駕輕就熟了。

智囊團的力量

集體的知識和智慧，擁有的力量是巨大的。你凝聚的是一個龐大的智囊團，其中每個人的才華或許不同，但應該都是優秀的。這就要求你選好智囊團的成員，否則，這種力量將得不到最大限度地發揮。

為了更準確和深刻地理解智囊團擁有的無形力量，你就必須先認知一下它的特徵：經濟性和精神性。

這兩個特徵都很明顯，經濟性指的就是智囊團所有成員為你做的一切，最終目的都是在你這裡獲得物質報酬，但你憑藉他們獲得了超越任何人的經濟效益。透徹理解了這一點，你才能掌控自己的經濟地位。

精神性或許是難以理解的。下面這句話希望能給你一些啟示：兩個人的智慧疊加在一起，會形成另外一種無形的力量，我們暫且稱之為第三智慧。

如果兩個人的智慧能夠和諧地融合在一起，那麼他們的精神也就彼此融合了，這是智囊團構成的精神特徵。此前，正是因為卡內基先生的建議與我的精神有了共鳴，才促使我寫作本書，並確定了終生奮鬥的事業。

卡內基先生曾將獲得財富的主要功勞歸功於他的由五十多人組成的龐大智囊團，正是智囊團力量的發揮，才促成了美國最大的鋼鐵王國。

如果你仔細分析一下富有的人，就可以發現他們大多都依賴於智囊團所擁有的力量。除此之外，你不能從任何方面獲得如此巨大而無窮無盡的力量。

如何讓智力倍增

我們可以將大腦形象地比喻為一塊電池，毫無疑問的是：一塊電池擁有的電量肯定小於一組電池所擁有的電量。

大腦中的智慧也是這樣，凝聚了集體智慧的人，肯定比一個人擁有的智慧更多、更強。許多人的智慧和諧地融合在一起，能夠生發出的思想能量是無比巨大的，將遠遠超越個人所擁有的能量。

集體智慧還有一個益處：集體產生的智慧可以為大家所用，不只是為一個人服務，從而給予每一個人啟示。眾所周知，福特事業剛剛起步時，曾遭遇了重重苦難，同樣幾乎所有人都知道，他用十年時間克服了所有的困難，並在二十五年之後成為美國最富有的人，汽車王國的締造者。福特的事業能夠取得如此大的進步，是因為他與愛迪生結成了朋友。由此可以得知，智慧融合具有的力量多麼巨大。在以後的歲月裡，福特又結交了一些具有極高智慧的朋友，如哈威・法爾斯通、約翰・喬伊絲及路德・波明克。

在和諧相處的狀態下，我們能夠從相識的人那裡學習到他們的知識、經驗、智慧等。福特與愛迪生等人的交往，就是按照這樣的原則，將他們幾個人的智慧、經驗集於一身，才開拓了偉大的事業。

你同樣可以運用這一原則。

我們之前說到過甘地，他以和諧的精神，將兩億印度人民的心連接了起來，並為共同的目標，一起奮鬥。

對於企業經營者來說，全部的工人或職員如果和諧地工作，那麼將是一件多麼了不起的事情啊。凝聚力量吧，發揮集體的智慧，以一個共同的目標為方向努力奮鬥。這時巨大的集體力量就形成了，天才和領導人物都需要擁有這種力量。

在以後的章節中，關於如何獲得集體智慧會有詳細地說明和闡釋。讀到這裡，僅僅對本書的內容知道，卻不理解或深思熟慮的話，你的收穫將是微乎其微的。

靜默、冥想吧，你終將有所收穫。

積極情感和行動的力量

財富就如同一位含羞的少女，你如果不追求，她就會悄悄地離開。但如果你追求，就必須要有渴望、信心、勇氣、毅力，除此之外，還需要有明確的計畫和積極的行動。

人生就如同一條河流，它有可能載著你奔向財富、智慧、幸福的遠方，也有可能引領你步入窮困、不幸、絕望的荒丘。獲得了巨大財富的人，都熟知這條河流，河流裡往往包括了一個人終生的思想軌跡。積極的思想會贈予你幸福，消極的思想會使你墜入不幸的深淵。

如果你想獲得財富，對這條河流就不能視若無睹。在你漂向不幸的深淵時，本書就可以作為一把大槳，使你划向幸福的遠方，但划的時候要有執著、信心和堅持不懈的努力，否則你仍將會回到原處，前功盡棄。

要想獲得財富，就離不開你的知識和智慧，更離不開集體的知識和智慧。擁有了這種集體的力量，你也就擁有了財富和成功的源泉。

貧窮和富有並不是一成不變的，它常處於變化之中。要想把貧窮變成富有，一般情況來說需要有周全的計畫，認真執行的精神。但貧窮有時是不需要計畫的，也不需要幫助，因為貧窮有時會使一個人擁有果敢的心態和行動，而財富恰恰是害羞的、膽怯的，它們會因你的果敢而「屈服」。

快樂、幸福來源於切實的行動，永存於持續不斷的努力中。

第
11
章

潛意識

潛意識鏈結財富。
獲得財富的第十步：潛意識的激發。

潛意識屬於意識領域，以一種不為人知的方式運行著，包含著人類的智慧、思想、習慣等多方面的資訊。潛意識吸取我們內心所具有的能量，從而將內心的渴望在外在的世界顯形。

雖然你不能完全掌控潛意識，但你可以通過反復地給它下命令，使其融入潛意識。融入之後，使其上升為一種堅定的信念。

潛意識可以將有限的心智和無盡的智慧結合起來，憑藉它汲取智慧的無窮能量。只有憑藉它，才能調整心智的活動，將其化為外在事物的秘密規律。

激發潛意識的創造力

潛意識方面的創造力是非常巨大的和令人意想不到的，常令人欽佩之至。

在你瞭解到潛意識的確存在之後，你就會深刻地體悟到第2章中所談「渴望」的重要性了，你也會更深刻地認知到清楚自己的渴望或目標，且將它寫下來並朗讀的必要性了。

通過前幾章的學習，你就可獲得掌控潛意識的能力。初次的嘗試或許不會成功，但不要放棄，應努力培養自己的信心和耐心，因為成功不是一蹴而就。

潛意識是具有惰性的，只有你擁有了強烈的渴望，才能獲得主動性，讓你的潛意識去接受什麼思想。

渴望也有積極與消極之分，我們應努力去做的就是摒棄消極的，以積極的渴望影響潛意識，使其按照正確的方向發展。

如果你已經做到了這一點，那就意味著潛意識的大門已向你敞開。

我們的所有行動，都來源於內心思想的波動。思想裡空空無物，沒有渴望、目標，人類的巨大創造力便無法發揮出來。擁有想像的創造力吧，只有這樣，你的渴望才會化為現實。

運用積極的情緒

眾所周知，我們的生活往往受到感情或情緒的影響，而伴隨著感情的思想對潛意識影響更深、更久。

人類的積極情緒與消極情緒主要各有七種。情緒的作用就相當於麵粉中的酵母，將思想當中的被動狀態轉化為主動狀態。這就可以說明：為什麼情緒性的想法比理性的想法更容易被我們付諸實施。

如果你正試圖控制自己的潛意識，以將自己對金錢的渴望傳送至潛意識裡，那麼你就必須掌握潛意識的語言。而這語言就是你的情緒及情感，現將一些重要、常見的情緒列舉在下面，當你向潛意識傳達資訊時，要合理運用好積極情緒或情感的作用，要努力避免消極情緒的影響。

你應具有的七種積極情緒：

1.渴望的情緒；

2.自信心的情緒；

3.愛的情緒；

4. 性的情緒；
5. 熱忱的情緒；
6. 依賴的情緒；
7. 希望的情緒。

這七種情緒當然不是全部，但它們是我們最常用的積極情緒，掌控了它們之後，這些情緒會任由你使用。本書的目的就是：讓積極的情緒充盈你的心房，培育你的財富意識。

你應拒絕的七種消極情緒：

1. 恐懼的情緒；
2. 忌妒的情緒；
3. 抱怨的情緒；
4. 報復的情緒；
5. 貪婪的情緒；
6. 迷信的情緒；
7. 憤恨的情緒。

積極和消極兩種情緒是不能同時佔據你的心的，肯定會有一方起決定性的作用。你的任務之一就是掃除消極的情緒，因此而養成積極的習慣將對你更為有利。但願你按照本書所講的去做，堅持不懈地努力，從而掌控你的潛意識。不要保留任何一種消極情緒或思想，因為如果讓它佔據你內心的一個角落，在你倦怠的時候它就會大舉入侵。

所有人都有權力渴望財富。
大多數人都渴望得到它，
但僅有少數人知悉清晰的計畫和具有強烈的財富渴望，
只有具備了這樣的條件，
才能夠獲得自己渴望的財富。

第
12
章

頭腦風暴

大腦是意念、思想的發射站和接收站。
獲得財富的第十一步：運用頭腦。

四十年前，我曾與貝爾、蓋斯兩博士合作研究人腦，發現人腦不僅是思想的發射站，而且是接收站。

我們的思想就如同電臺廣播一樣，是具有傳遞性的，每個人都可以發射和接收。創造型想像力就像一個隨時待命的思想接收機，時刻準備著接收他人頭腦裡的思想，也是溝通意識或理性、對待外來思想刺激的工具。

受思想刺激的過程，就是心靈接受外部思想的過程，積極或消極的情緒總是能加快接受的過程。

思想的發射站就是潛意識，經由它傳送出去，思想的接收站就是創造型想像力，透過它就能接收到思想的能量。

除了潛意識、創造型想像力的作用之外，要學會「自我暗示」的運用，它是為發射站和接收站提供動力和能量的工具。

思想發射站進入工作狀態，只需你啟動內心的渴望就可以了，但有時需要你運用三件法寶：潛意識、自我暗示、創造型想像力，才能很好地使發射站運行。

無形的偉大力量

在人類的過去，人們總是將自己的知識囿於有形的事物，僅限於那些可感、可觸、可測的事物。

在如今的時代，我們都已得知世界中存在著無形的力量。或許我們也會得知，鏡子外有形的我們的力量，遠小於無形的我們的力量。

有許多人是不屑談論無形的東西的，因為他們對無形的事物無法感知。在感受無形的事物時，有一點一定要警醒，無形的力量是無處不在的，你時時刻刻都會受到它的控制。

迄今我們人類仍沒有能量對抗大海中的滾滾巨浪、克服地球引力，尤其這引力是多麼的神奇啊！憑藉它，我們生存的地球懸於太空，人類能安然無恙地走在大地上。

在很多方面，人是永遠屈尊於大自然的，人類面對自然界和人類社會的災難和巨大變化時，總是束手無策。

在無形的力量面前，人類總是顯得無知，例如，我們並不知道泥土中的無形力量和智慧，而恰恰是這種力量供給了我們一切——食物、衣物，還有財富。

神奇的大腦

如今的人類，雖然有令人驕傲的文化和教育，但對於思想這個偉大的無形事物，卻知之甚少。令人欣喜的是，我們雖然對思想的巨大能量所知甚少，但對此還是有所研究了，並有了些許進步。許多科學家現在都在研究大腦，獲得了很多方面的知識。如目前就已得知在頭腦中樞裡，連接腦細胞的神經數目就等同於在「1」後面添上一千五百萬個「0」。

「這個數字實在是太令人驚奇了，幾億光年的天文數字在它面前，也顯得微乎其微。」芝加哥大學的賈德森．赫利克博士如是說，「已經得知的是，僅僅大腦的皮層，就有一百億到一百四十億個，而且它們並非雜亂無章，而是有一定的形態，這是多麼不可思議的事情啊！」

大腦這個複雜的肌體組織，如果不是僅僅具有生理功能的話，那麼這個能使上百億個腦細胞安然有序溝通的巨大能量，能否為我們溝通無形力量提供工具呢？

《紐約時報》發表的一篇社論與本章講述的內容有相似之處，它簡單敘述了萊茵博士和助手做的關於心靈感應實驗的情況。

心靈感應是什麼

杜克大學的萊茵博士和助手長期以來一直從事「心靈感應」和「千里眼」是否存在的研究，並取得了進展。研究成果在雜誌上刊出。

正因為萊茵博士的成果，現代有許多的科學家斷定「心靈感應」和「千里眼」存在。有一個實驗是這樣的：要求參加實驗的人在不看撲克牌的情況下，說出是什麼牌和是什麼花色。結果：在不接觸紙牌的情形下，有數人（有男有女）準確地說出了許多張牌，而準確說出答案的人，絕非僅僅是運氣好，因為猜中的機率僅為千億分之一。

他們是怎樣做到的呢？如果這種力量存在的話，那便意味著它絕不是來源於感官，因為他並沒有借助感官。這個實驗即使是在數百公里以外做，也會和室內做的結果一樣。

「這個結果曾使許多人從物質放射理論中找尋答案，以闡釋『心靈感應』和『千里眼』現象。」作家萊特如是說。但他並不認為物質放射理論可以解決這些問題。因為如今已知的所有反射性能量，都會因放射面積的擴大，而讓力量減弱。但「心靈感應」和「千里眼」卻不會因此變弱，身體狀況實際上對「心靈感應」和「千里眼」會有影響。例如，在睡眠狀態中，這種能力並不能增強，而在你清醒或緊張的狀態下，它能夠得到改善。

作家萊特曾有一個滿懷信心的結論：「心靈感應」和「千里眼」受同一種力量支配。這也就意味著，能看到底牌的能力與能知曉他人內心的能力是大致一樣的。萊特還認為，擁有其中一種能力，必定擁有另外一種能力，而且兩者的強度是相等的，因為這樣的能力具有相關性。距離及屏障並不能阻礙這種力量，因此萊特得出這樣的結論：超感覺感應、預示性的夢、預感的災禍等，都源於同種非凡的能力。

我和我的助手曾就萊茵博士的「超感覺」感應，做過大量的實驗，最終證明我們的大腦在理想的狀態下如果被刺激，我們的第六感就會發揮作用。

所謂的理想狀態，指的是我與助手和諧工作的狀態。借助實驗，我們還得知了如何激發我們的心靈力量，對解決問題最有利及有效。

一個簡單的方法是：在會議室的桌子旁坐好，清晰而明確地說出正在考慮的問題，然後大家一起討論，所有人都必須把對此問題的看法說出來。在討論的過程中，不可思議的是：他人的見解和自己的想法不謀而合。

假如你已經理解了「智囊」一章裡的原則，那剛才所說的會議就是集體智慧運用的具體方法。三個或三個以上的人為了一個共同的主題，而互相激發心智的方法，便是集體智慧實際運用的基礎模式。

按照集中集體智慧的方法，其中的每個人都會獲得成功。假如現在你還不覺得這個法則對你有益處，就請在本章做個標記吧，完全讀完本書以後，再重讀這些內容試試看。

成功階梯的頂端永不擁擠。

第 13 章

第六感

第六感推開智慧之堂的大門。
獲得財富的第十二步：神奇的第六感。

第六感能夠與無盡的力量連接，而不必做過多的追尋。

第六感是我的成功哲學的一個顯著特點，在以上各章的精華被你吸收之後，你才能靈活地運用它。

其實，第六感是屬於潛意識當中創造型想像力的這一部分，它也可以被稱為「思想接收機」，能夠將意念、思想等以靈感或預感的形式在頭腦裡閃耀。第六感是難以言說的，不瞭解本書其他原則的人，是很難理解它的，因為他們缺少相關的知識、經驗或經歷。第六感是心智的活動，是難以把握的，沉思或許是一個好方法，在心靈沉靜的狀態下更容易獲得第六感。

第六感的神奇之處在於：你可以預感到即將發生的事情。如預感到危險，從而得以躲避危險；預感到機遇，從而抓住機遇。

第六感培養成功之後，它就會像一位隨時待命的天使，時刻準備著執行你的命令。這樣，智慧殿堂的大門就會為你敞開。

第六感的奇蹟

我並不相信所謂的奇蹟，也不會鼓吹奇蹟，因為我瞭解到萬事萬物都有其特定的運行規律，奇蹟只是我們難以理解的規律罷了。請謹記：奇蹟是真實存在的事情，而不是子虛烏有的。在我經歷的眾多事情中，最接近奇蹟的是第六感。

從我的經歷得知：我們能夠感受到物質的每一粒原子中都充盈著一種無形的力量，我們可以稱之為智慧。就是這種無盡的智慧，使種子變成了蒼天大樹，使水從高處流向低處，日夜循環，四季輪轉，萬事萬物各安其位，和諧相處。我們可以憑藉這種智慧，將內心的渴望化為現實、客觀的物質。我就是因為這樣做過，才獲得了應具備的知識。

現在本書已經接近尾聲，本章以前的所有原則你都理解、吸收了嗎？假如你已經認真領悟了，那本章所做的忠告你應該會毫不懷疑地接受。如果你還未領悟這些原則，就努力去領悟吧，只有這樣，你才能判斷出我在本章給出的忠告是否屬實。

我年輕時曾試圖模仿我最尊敬的人，以後我才發現，模仿他人時，給予我力量並使我成功的是我堅強的信念，而不是你尊敬的那個人。

讓偉大的人塑造你的人生

直到如今，我仍未放棄敬仰偉人的習慣。我從經驗得知，即使自己不是什麼偉大的人物，也要努力去模仿偉人，以盡力承擔偉人般的責任並靠近他們。

我一直堅持這樣做，通過效法偉人，重塑自己，尤其是在發表演說或發行新書的時候。我經常效法的人一共有九位，他們是：愛默生、潘恩、愛迪生、達爾文、林肯、波明克、拿破崙、福特與卡內基。他們的生平、學說、著作，都深深地影響了我。在較長的一段時間裡，我總是和這些偉大的人物召開假想式的圓桌會議；逐漸地，他們成了我的無形顧問。

圓桌會議的具體情況是這樣的：每晚睡覺之前，我就閉目冥想，想像著他們如約前來參加會議，圍坐在圓桌旁。我也和他們坐在一起，並且是以會議主席的身份，這就決定了在會議中他們都聽從我的指揮。這樣做的目的就是為了重塑自己的品格，通過濡染這幾位偉人的精神，使我的品格成為高尚品格的合成品。在我年輕時我就已懂得，要想跨越愚昧無知和迷信的環境阻礙，必須運用以上的方法樹立自己的信心。

自我暗示形塑特質

一個人的思想和渴望造就了他的性格，這點我很清楚。內心的強烈渴望會導致外在行動，使渴望成為現實，這點我也瞭解。自我暗示對形成性格是一個很有力的因素，或許應該這樣說，樹立個性的唯一法則就是自我暗示。

由於對內心活動法則的瞭解，我逐漸具備了重塑個性的條件和能力。在假想的圓桌會議上，我可以從這幾位偉大人物那裡獲得許多我所需要的知識。我可以大聲地對每位與會人員說：

尊敬的愛默生先生，我期望從你那裡獲得瞭解自然的神奇力量。你曾因對大自然地透徹瞭解，獲得了巨大的名聲。同時我也想具備你的瞭解和適應自然的氣質，這種獨特的氣質將會化入我的潛意識中，成為我的一部分。

尊敬的波明克先生，我期望你傳授給我能夠與自然和諧相處的知識。你曾經多麼了不起，竟然使脫掉刺的仙人掌成為了食品。教授我這些知識吧，請告訴我長著一片葉的草如何成為長著兩片葉的草。

尊敬的拿破崙先生，我期望能夠具有你的那種激勵他人、激發他人果斷行動的才能，並努力從你身上學習不屈不撓、時刻充滿信心的精神。

尊敬的潘恩先生，我期望擁有你的自由思想以及你的勇氣和智慧。

尊敬的達爾文先生，我期望具備你的那種沒有任何偏見，客觀研究自然科學裡的因果關係的能力。

尊敬的林肯先生，我期望培養起你最突出的性格——正直、耐心、幽默、毅力以及對人性的透徹理解。

尊敬的卡內基先生，我期望徹底理解你的合作努力原則，因為你曾運用它，創建了一個偉大的企業。

尊敬的福特先生，我期望從你身上獲得堅強、果敢、淡定和自信的精神。正是你的這些精神，才使你戰勝窮困，獲得了成功。我要向你學習，做有助於他人的事。

尊敬的愛迪生先生，我期望從你身上獲得能夠發現許許多多自然奧秘的信心和能力，以及你那化失敗為成功堅持不懈的精神。

想像力的神奇力量

在假想的圓桌會議中，因為每一位偉大人物的性格都迥然不同，所以我不得不採用不同的談話方式和內容。因此，研究他們的生平事蹟變得很關鍵，因為我必須保證對他們很熟悉，最好達到瞭若指掌的程度。假想的圓桌會議進行幾個月以後，我深深地發現，我想像的這幾位偉大人物彷彿變成了真實存在著的人，對此我又驚又喜。

這幾位偉大人物中的每一位都有特異之處。比如，林肯常常遲到，遲到後還很鎮定地踱步，而且他總是一副很嚴肅的表情，很少見到他的笑容。

其他與會人員可不是這樣。波明克與潘恩就常常為某事而針鋒相對。有一次，波明克開會遲到，來到後就開始大講特講他遲到的原因，原因竟然是：他正在做實驗，他想使每棵樹都能長出蘋果。對此，潘恩不留情面地說：「你知道不知道，就是因為蘋果才產生了男女之間那麼多的煩惱。」一旁的達爾文開玩笑地說：「去果園摘蘋果的時候，一定要當心小蛇，因為小蛇會長大，成為大蛇。」愛默生則說：「沒有蛇哪來的蘋果！」拿破崙卻氣呼呼地說：「沒有蘋果哪裡來的國家！」

許多會議都顯得如此真實，我幾乎都已遺忘這只是我的想像。因為擔心會產生什麼嚴重的後果，這種虛擬會議就暫停了幾個月。

請允許我再次強調，圓桌會議是我想像的產物，我不僅僅是參與者，而且是會議的領導者。我可以隨時召開會議，也可以任意終止會議，主動權牢牢把握在我的手裡。正是這樣的會議激發了我的創造力，使我徹底感悟到了什麼才是真正的偉大。最終我獲得了內心渴望的財富和成功。

開闢靈感之源

到目前為止，科學家們仍不能找到第六感的感官位於身體的何處，但這並不重要。但有一點是無庸置疑的：人類可以依靠五官以外的器官獲取各種各樣的知識。一般情況下，知識的獲取皆是因精神受到一定程度的刺激之後，才得以產生的，尤其在我們遇到緊急事件時，心跳不僅加快，第六感還會突然出現。如果你有開車躲避危險的經歷，你就會知道：在有危險或不測的場合，第六感會向你伸出援手。而第六感的出現往往採取「不請自來」的方式。

在與偉人們舉行會議時，我還發現：因第六感而帶來的意念、思想或知識，最容易被我接受。

在我的生命歷程中，曾遭遇過多次緊急事件，甚至有幾次危及到我的生命，但就因第六感和偉人顧問們給予我的啟示，我順利渡過了這些難關。

最初我決定與偉人顧問們舉行會談的目的是，憑藉自我暗示，將偉大人物的個性、品格、信心等深深刻在我的潛意識當中，為自己所用。但如今卻不一樣了，我總是帶著現實生活中面臨的問題去請教偉人顧問們，在會議當中，即使我始終不是很依賴他們，但我還是經常能夠獲得解決問題的方法。

緩慢成長的強大力量

第六感並不是一種任由你捨棄或擁有的東西，第六感的偉大能量是汩汩而出的，在你通曉了本書所述的所有原則以後，它的能量才能徹底地發揮出來。

不管你是誰，從事著什麼職業，讀本書的目的如何，都會從本書獲益，即使你並不瞭解本章的內容。假如你的主要目的是獲得巨大財富或其他物質，你的收穫將會更大。

本書之所以會有第六感這一章，是因為我的確有意提供一種比較完備的成功哲學。借由這一哲學體系，使更多的人合理而準確地運用它，使他們最終實現自己內心的願望。一切成就的起始點都是內心的渴望，而終結點是獲得一種知識。知識的獲得促使你更加瞭解自己，理解他人，領悟自然規律，體會真正的快樂。

唯有徹底掌握了第六感法則，你理解萬事萬物的方式才會深刻。

學習完本章之後，如果你發現你已經上升到精神刺激層次，那可好極了。如果你重複閱讀本書，並將本書闡述的法則爛熟於心，你就會發現你的精神會更高一層。就這樣長期不斷地反復訓練，不要太關注你會獲得怎樣的知識，因為你早晚都會發現，你將獲得一種可以克服萬難、征服恐懼、擁有無比想像力的力量。當你獲得了這種力量以後，你會注意到你已經觸摸到了一種原本無形的東西，而它就是一切偉大思想家、藝術家、政治家得以偉大的可貴精神。此時，你內心的渴望一定會實現，成功、財富、名譽等一切美好的事物都會接踵而來。

第

14

章

消滅恐懼

恐懼就猶如魔鬼，阻礙你前行，你一定要消除它。獲得財富的第十三步：消滅恐懼。

在你運用本書所講的這些法則時，請一定要有準備接受它們的心理。只要認清和消滅它的敵人——優柔寡斷、猜忌、恐懼，就可以順利地接受這些法則了。

這三個敵人，只要有一個出現，另兩個也就在不遠處，而第六感馬上就會失靈。

請謹記：猶豫是恐懼的根源。猶豫能夠很輕鬆地變為猜疑，兩者相加便成為了恐懼。儘管猶豫和猜疑合在一起的過程很慢，但因常常是在不知不覺間形成的，因此它們的危害十分巨大。

不要被詭計多端的敵人——不良的生活習性迷惑，它們往往很隱蔽，潛藏在你的潛意識之中，使你很難發現，當然也很難將它消除。本章的主要目的，是為你展現恐懼的成因和克服的方法。在閱讀完本章以後，就請仔細地分析一下你自己，並努力確定自己身上是否染有其中任何一種恐懼。如果有，就趕緊消滅它吧。

遠離恐懼

恐懼一般可分為六種，無論是誰，總會受到恐懼的傷害，假如你從沒受過恐懼的傷害，那真是萬幸。現將這六種恐懼列舉如下：

1. 窮困的恐懼。
2. 怕被批評的恐懼。
3. 疾病的恐懼。
4. 失去愛的恐懼。
5. 衰老的恐懼。
6. 死亡的恐懼。

前三種恐懼看似沒什麼，但細究起來就會發現，我們的焦慮皆源於此。

事實上，恐懼只是你的一種內心狀態，而這種狀態通常又是可以控制和改變的。所有人都有能力控制自己的內心活動及智慧，因為有了這種控制力，你就完全可以打開自己的內心，以便你吸收所有人的有益思想，也可以完全關閉你的內心，只允許自己的思想流動。

唯有思想是大自然賦予人類的絕對控制對象。掌控了思想，克服恐懼就會變得很容易，因為世間萬物都是因思想產生的。思想拒絕了恐懼，你就真的遠離了恐懼。

對窮困的恐懼

對窮困的恐懼具有極強的破壞性。

窮困是與財富背道而馳的，你要想獲得財富，就必須消除窮困落後的思維和排斥一切不利於獲得財富的外在環境。

如果你想獲得財富，那就應該知曉你的獲取方式以及財富的具體數目。財富計畫確定以後，就依照它嚴格地執行。按照既定計畫一路前行的人必定能夠實現自己的財富夢想，倘若半途而廢，就不要責怪他人，因為責任都在你，是你自己決定了你的計畫、你的財富之路。

假如你目前並不渴望擁有巨大的財富，那麼你的一切理由或藉口都不能使你推卸責任，因為無論你選擇放棄或根本都不想擁有財富，都源於你的思想與心態。思想和心態是最根本的，它們決定了你的一切行為。要想擁有怎樣的思想和心態，金錢是辦不到的，你只能依靠自己的力量去創造。

對窮困的恐懼雖僅僅是一種心態，但它的能量巨大，足以毀掉任何人事業成功的機遇。

此種恐懼會使人喪失邏輯思維能力、想像力、信心、熱情等幾乎一切有利的內在力量，從而導致目標逐漸變得不清晰明確，做事拖拖拉拉，自制能力削弱，並使人缺乏奮發向上的奮鬥精神，獨立思考缺失，堅持不懈的毅力和意志力也逐漸化為烏有，毀滅人的偉大抱負。最終，人生充斥了失敗，愛心、良心淪喪，友情、親情等全部受到阻礙，促使人們失眠多夢、悲傷和不幸。這一切都是源於什麼呢？請反思一下你自己，看看自己是不是正深受其害。請相信：世界本身是極其豐富的，能滿足任何切實可行的渴望，你與你的渴望之間是親密無間的，你想擁有時，渴望也就實現了（當然，是在你行動之後）。你必須明白，正是缺乏明確清晰的目標，使你的內心常懷恐懼，如此一來，窮困、混亂才緊跟其後，不幸才會降臨。

對窮困的恐懼是所有恐懼中最具破壞性的，因為它是最難克服的恐懼。對窮困的恐懼大多源於我們人類自身在經濟上支配他人的天性。用金錢剝奪他人，以尋求自我滿足這樣的心理狀態，導致了人具有了侵略性。而法律的根本目的就是保護人類不被同類侵犯。

讓人備受痛苦和屈辱的就是窮困，如果不是真正經歷過窮困的人是難以理解的。請注意一個事實：即使是在今天，每天全世界都還有千千萬萬的人因不堪窮困的折磨而痛苦地死去。

人類是如此渴望財富，致使無數的人一生中最大的目標就是獲得財富，這是無可厚非的。但一定要用合法的手段，否則即使你獲得了財富，也不會長久。

學會自我分析吧，這是你擺脫貧困和平凡至關重要的一步。讓你自己猶如一名嚴格的法官，公正無私地詳細盤問自己，問出自己的缺點、弱點，不要害怕傷害自己，也無論會付出什麼樣的代價。

許多人在回答「你最怕什麼」的問題時，都會回答「我什麼也不怕」。這種回答是不真實的，因為很多人都不瞭解自己，而且恐懼又是那麼根深蒂固，因此你很難發現恐懼的存在。這個狡猾的敵人只有我們充滿勇氣的時候，通過認真地自我分析才能感知到它的存在。恐懼是有跡可循的，請按照下面的跡象嚴格地分析一下你自己。

恐懼窮困的表現：

1. 冷漠。甘受窮困，沒有什麼志向，精神和身體都萎靡不振，喪失想像力、熱忱和自制能力等。

2.優柔寡斷。做任何事都是猶豫不前的，總是被他人控制，自己缺乏見解。

3.懷疑。總是喜歡找藉口，掩飾自己的過失，而且常對成功人士心存忌妒、傲慢之心。

4.憂慮。總是嚴苛待人，否定自我。常常是一副沒精打采的表情，還經常酗酒，使神經高度緊張。總之是缺乏鎮定的心態和強烈的自我意識。

5.過於謹慎。看事物時，總是關注它消極的一面，思考和談論的幾乎都是關於失敗的事情。但從來不分析導致失敗的原因，也不採取避免失敗的行動和計畫。銘記的多是失敗的人和事，而從不關注成功的人和事。謹慎過度的人似乎永遠都在等待，而永遠等待其實就是一種永恆的失敗。

6.拖延。總是把今天的事拖延到明天，明天的事又推遲到後天，就這樣目標樹立了很多，但就是不執行。「思想的巨人，行動的侏儒」，耗費在找藉口的時間足夠完成所有該做的事。拖延這種懶散的不良習慣與以上的跡象是緊密相連的，這樣的人能夠不承擔責任時就推卸責任，能夠妥協的時候就妥協退讓，遇到失敗要求更改計畫的時候卻表現得遲遲下不了決心。邏輯思維能力、想像力、信心、熱情等幾乎一切有利的內在力量，他都有可能不具備，即使具備又會有弱點。因此，請謹記：寧願與窮困者做朋友，也不要與不追求也不需要財富的人做朋友。

有人會因此提出質疑：為何你要寫一本與財富有關的書？為何要用金錢衡量生命豐富與否？請相信：世界上絕對有比金錢更珍貴的財富，而且這些珍貴的財富，是無法用金錢的多少衡量的。

我寫作本書的一個原因就是因為無數的人都被窮困的恐懼束縛住了，逐漸麻木、頹廢。關於恐懼對人的影響，韋斯布魯克・柏格勒做了如下的描述：

金錢或者是貝殼、金屬，或者是紙張，內在的良心、精神是金錢絕對買不到，然而，對於人們來說又是彌足珍貴的。當你窮困時，心中存有的精神卻毫無招架之力，力量是如此薄弱。因沒有工作徘徊在街頭窮困潦倒的人，常常表現為垂著雙肩，步伐無力，眼神呆滯；而有工作的人，卻被自卑感佔據內心，即使他知道自己各方面的條件並不比其他人差。

有時，這樣的人會因生活所需向他人借錢，而借錢這種行為本身就有一種讓人灰心喪志的意味，因為它從來不像用自己的錢那樣振奮人心。但有一類人除外，這類人常被稱為無業遊民或不良分子，他們沒有正常人的志向、自尊心和上進心。

一個人失業後，閒暇時間就多了起來，他可以為了找一個工作而跋涉數英里，但是當發現這個工作已經沒有機會或薪資很低的時候，他就會斷然拒絕這份工作，接著在大街上徘徊、閒逛，有時覺得無處可去，似乎又覺得到處可去，偶爾站在櫥窗前看一看自己買不起的高檔奢侈品，而當有人停下來也一同觀看時，他便會很自卑地走開。他自己或許沒有注意，這種漫無目的地閒逛已充分顯示出他是一個失業者。他或許衣裝整潔，但也無法掩蓋他失落的心情。在他眼裡，有工作可做的人都是幸福的，他從內心裡羨慕他們的獨立、自尊及氣概，他已經不能確信自己是否是一個有用的人。現在的他最缺乏的是什麼呢？答案或許匪夷所思，但確實是這樣：他需要金錢，哪怕是一點點，他就可以恢復到原來的樣子。

怕被批評的恐懼

或許沒人能說得清，怕被批評的恐懼是怎樣產生的，但可以確定的是：被這種恐懼困擾的人越來越多。

這種恐懼是屬於人類本性的，有遺傳的成分。比如，在掠奪他人財富時，有人就會以批評他人的方式為自己做掩飾。政客謀取公職的時候，一般不會採用展示自身品德和資格的方式，卻總是以揭露、傷害對手的方式獲取勝利。服裝設計師也會利用這種恐懼設計服裝，每年衣服的式樣都會有所不同，並且會很暢銷，因為大多數人都不喜歡總是穿著舊衣服，害怕引起他人的嘲笑、批評。汽車製造者們也運用同樣的方法，每個季度都會更改車型，以此保持銷售量。

這種恐懼掠奪了一個人的想像力，抑制了個性，嚇退了信心，從各個方面對他進行攻擊，使人們深受其害。有時候父母對孩子的一些有意或無意的批評，常常會使孩子遭受到難以彌補的傷害。我童年時一個朋友的母親，動不動就用藤條抽打他，打完之後，還惡狠狠地說：「你早晚被關進監獄。」不幸的是，在他僅僅十七歲的時候，果真被關進了監獄。

批評的供需關係絕對是供過於求的，而且批評不管你需不需要，都會無限免費提供給你。

即使是最親近的人，都有可能因為他最強烈的批評，而變成對受害者來說最惡劣的人。尤其是身為父母的人，你們的一次毫無必要的批評，都有可能在孩子的心裡種下自卑的種子，而且這顆種子會伴隨孩子一生，我認為這應該被視為一種罪行。理解人性的雇主，是不會運用批評這個下策的，因為他們懂得如何向員工提出建設性的意見。請謹記：不合理的批評是一種罪惡；批評只會在人的心裡培植恐懼或憎恨，而絕對不會產生出愛或真誠的情意。

恐懼被批評的表現包括：

1.膽怯害羞。害怕與陌生人會面交談，交談時又常常表現出膽怯害羞、抓耳撓腮、手足無措以及目光閃爍游離等行為。

2.心浮氣躁。表現為言語模糊、神情緊張、記憶力減弱等。

3.缺乏獨特的個性。做事不果敢，缺乏個人魅力，缺乏清晰表達見解的能力，且不敢面對問題或逃避問題，容易人云亦云。

4.自卑心態。為了掩飾自己的自卑，多表現為言行上的自我誇耀。如炫耀自己的著裝、誇大自己原來的成就等。外表上常常表現為不可一世的囂張態度，然而內心又是那麼脆弱、敏感。

5.揮霍奢侈。總是和富裕的人比，大手大腳花錢，最終常常入不敷出或負債累累。

6.消極被動。不能主動把握晉升的機遇，害怕表達自己的見解，總是對自己的想法沒有信心。面對長輩總是顯得很拘謹，言行猶疑，呈現出虛偽的一面。沒有抱負，常常萎靡不振，做事懶散，優柔寡斷。缺乏獨立精神，經常笑裡藏刀，且沒有責任心。

疾病的恐懼

對疾病的恐懼，包含生理和社會兩個方面。這種恐懼與恐懼衰老、恐懼死亡有緊密的聯繫，會使人因預感到死亡的來臨而害怕，又因人們對於這個世界聽說過許多令人害怕的傳說，導致這種對疾病的恐懼那麼普遍。曾有一位著名醫生宣稱找他看病的人當中，大概七十五%的人都患有憂鬱症。他還指出：因為人們對於疾病的恐懼，而致使原本健康的身體患上自己臆想的疾病。

許多年前，有人曾做了一個這樣的實驗：有三個人去看望一位「受害者」。三人每人發問一次，問題是一樣的。第一個人問：「你得的是什麼病？你的臉色怎麼那麼差？」「受害者」微笑著說：「沒得病啊，身體好著呢！」第二人也同樣問了那一句，得到的答案卻是：「我不清楚，但我確實不太舒服。」第三人照樣詢問了之後，得到的答案是：「是的，我的確生病了。」

如果你不相信上面的試驗，就不妨找幾個熟人親自試驗一下，但不要做得太過頭。

因此可得出這樣的結論：有時疾病是因消極的思想而產生的，這種思想是以自我暗示的方法傳達給自己的。

在形成這種恐懼的眾多原因中，事業和感情的失落以及窮困，都是很重要的原因。事業和愛情上的失敗，往往會使人喪失前進的信心而難以自拔；而窮困產生的憂慮，不僅僅源自生前的，也源自死後。有許多人，憂慮生前高昂的醫療費用，憂慮死後墓地等一切花費。就是在這重重阻礙中，對疾病的恐懼日益加深。

對恐懼疾病的表現有：

1.負面消極的自我暗示。消極地自我暗示的人，對疾病有一種追求心理，而且還會煞有介事地談論它，一切都跟真的似的。還喜愛在沒有任何人知道的情況下，鍛煉身體、減肥等。

2.憂鬱症。熱愛談論疾病，並集中意識於疾病，而且渴望自己患上疾病，最終精神崩潰。藥瓶裡的藥並不能治療他期待的這種疾病，因為他的病來源於他消極的、悲觀的思想，唯一能夠根治他的是積極的、有活力的思想。它屬於精神病的範疇，所具有的破壞力並不比其他疾病弱。

3.缺少鍛煉。因為害怕在戶外活動時染上疾病，便常常足不出戶，導致正常的身體鍛煉被妨礙，結果反而容易生病。

4.自我逃避。裝病以取得他人的同情，從而可以逃避工作等。裝病其實就是意志薄弱和懶散性格的鮮明寫照。

5.放縱。借用酒精或麻醉品等極端的方式緩解一時的病痛，而不借助醫學上的治療。經常翻閱關於疾病方面的書刊，並悲觀地認為自己已染上了這種病，從而耽於這樣虛無的幻想。

失去愛的恐懼

這種與生俱來的恐懼，大多源於一些人因失去愛人而造成的傷心痛苦或感情受挫。

在所有的恐懼中，失去愛的恐懼是最痛苦的，因為人們承受的是雙方面的傷害，如果沉溺其中的話，就會比所有恐懼都痛苦。

這種恐懼大概可追溯到石器時代，古時候的男性以暴力對女性巧取豪奪。如今的男性仍是在剝奪女性，但不以暴力，而是憑藉花言巧語或依靠華麗的衣服、豪華的汽車等，以達到自己的目的，而這些手段比暴力更為有效。現代人的習慣和古時候的人並沒有兩樣，只不過表達的方法有所不同而已。

恐懼失去愛的表現：

1.猜疑。經常在沒有充足證據的情況下，猜疑自己所愛的人或毫無來由地斥責妻子或丈夫不忠。

2.挑剔。連對一些小事情都有可能挑剔，並因此對周圍的人大發雷霆。

3.冒險。不惜以賭博、偷盜、欺詐等冒險行為，向所愛的人提供金錢，始終堅信愛可以用金錢來交換。有時還會為了給所愛的人買禮物，不惜透支、借貸。這樣的人通常表現為失眠、薄弱的意志力、缺乏自制力、脾氣暴躁等。

衰老的恐懼

對衰老的恐懼，一是來源於自己的想像力，總是幻想著老年時生活會有多麼貧窮；二是來源於對現實的無能為力，以及因過去的錯誤而得到的教訓。

恐懼衰老的產生還有其他原因。

對他人不信任，總是害怕有人會搶走自己的財物，以及印象中對死後世界的恐懼，兩種原因都具有一定的普遍性。

疾病纏身也會助長這種恐懼。

它與窮困的關係也很密切，而且「養老院」並不是一個那麼溫暖的名字，即將面臨養老院生涯的人，都會對這個名字膽戰心驚。

還有一個重要的原因就是，擔心年老之後失去身體和經濟上的自由。

恐懼衰老的表現：

1.憂慮。心理成熟年齡達到之後，就很容易產生一種自卑感，因為會誤認為「自己老了，不中用了」，然而事實是，人到達了成熟之年（大致為四十歲）以後，直至將近六十歲，都是人類最有智慧的時期，最能成就事業的時代。如果這時你就懷疑自己已經衰老了，年邁體衰了，那麼你將錯過人生最為輝煌的時期。

2.模仿。有些年紀大一點的人，為了使自己看起來年輕一些，常常在行動和著裝上模仿年輕人，但往往引來的是周圍人的嘲諷，這是一種環境導致的恐懼衰老的因素。

死亡的恐懼

對於很多人來說，死亡的恐懼是最殘酷的一種恐懼。許多人都在驚恐中追問「我來自何處，又去往何方」等根本沒有答案的問題。

在遙遠的舊時代，經常有一些懷著欺詐之心和種種目的的人，為沒有答案的問題做了強迫式的回答。一位心懷異見的領導者說：「來我的帳篷吧，信仰我的思想，我保證，接受我的信仰的人都可升入天堂，否則的話，你就會被兇惡的魔鬼抓去，被活活燒死。」懲罰思想毀掉了生活的樂趣，產生出許許多多的痛苦。地獄和魔鬼的恐怖色彩長期佔據人心，以前的人們只要一提起它們，就會憑藉想像力把一切都想得很逼真，從而麻木了理性，滋生出貪生怕死的意識。

如今的人們對死亡的恐懼已不像古代那樣了，因為現代的教育和科學已經相當先進，天文、地理、生物等科學知識深入人心，這樣，陰森的地獄意識逐漸淡化了。

從現代物理學中，我們得知：世界存在著極為重要的兩種事物，即能量和物質，它們不會被創造也不會被毀滅，但它們可以轉化。

若把生命比作是一種事物，它就是一種能量。假如能量與物質都不會消失，那麼生命也是這樣。

和其他所有的能量一樣，生命也會有很多種轉化，而死亡只是一種較為特殊的轉化罷了。

恐懼死亡的表現：

但凡一想到死亡，就覺得人生毫無意義，並有可能憎惡其餘所有的人和事，產生世界是荒謬的等消極的想法。這種恐懼在任何年齡段的人中都有存在，尤為明顯的是年齡較大的人。而治療這種恐懼的有效方法就是擁有強烈的渴望之心，把時間應用到自己熱愛的事物中去，這樣你就能遠離死亡的憂慮，生活中充滿活力。恐懼死亡的原因可能源於恐懼窮困，因為總有人擔心自己死後會拖累家人。當然它也與疾病或身體狀況、工作情況、愛的滿足與否等情況有關。

遠離憂慮

憂慮是由於恐懼而在內心形成的一種心態，它產生影響的方式是緩慢的、持續不斷的。它以摧毀一個人的推理能力為能事，直到受其害的人喪失信心和創造力。憂慮又常常與優柔寡斷緊密相連，優柔寡斷久了的話，內心就會動搖。緊接著便引發出恐懼，恐懼產生了憂慮也就形成了。

缺乏決心經常是由於優柔寡斷造成的，沒有決心就意味著你沒有果敢下決定的意志力。你的目標或理想只能被束之高閣，沒有實現的希望。

如果你下定決心，並按照自己明確而清晰的目標努力行動，那麼憂慮一定會遠離你。我曾採訪過一名即將坐電椅奔赴另一個世界的囚犯，在所有的囚犯中，只有他最沉著，正是因為他的這份沉著引起了我的注意和好奇。於是我就問他，你對即將奔向另一個世界的事實做何感想？他面帶自信地微笑著說：「感覺良好，你想一想，我的一切煩惱都即將消除了，我能不開心嗎？我這輩子一直身處困境，連溫飽都是困難的事，過一會兒以後，我任何東西都不需要了，我的煩惱也就不存在了。當我確知自己的命運該當如此的時候，我的內心一直很寧靜，我已經下定決心，以愉悅的心情坦然面對自己的命運。」

在他說話的同時，竟將足夠三個人吃的食物一掃而光。看得出來，他不僅在享受食物，還在享受死亡給他帶來的愉悅。決心可能會使一些人相信天命難違，而也會讓一些人拒絕接受自己厭惡的環境或事物。

優柔寡斷能夠將恐懼化為惡劣的憂慮情緒。

決心，可以讓你勇敢地接受死亡，承認死亡是誰都難以避免的事實，這樣對死亡的恐懼便擺脫了。

決心，能夠驅動你為獲得財富而努力，而且努力的過程中心態平和，這樣對窮困的恐懼便自然化解。決心，讓你不再有擔心他人批評的顧慮，只顧向自己的目標前行，在前行中充實自己，這樣對批評的恐懼也會從有到無。

決心，可使你接受你的年齡，會使你堅信年齡的增長帶來的只會是智慧、經驗和出色的自我克制，還意味著這是一種青年人難以達到的境界，如果這樣想，年齡就變成了一種彌足珍貴的力量。

決心，會使你始終專注於你的目標，而遺忘疾患和病痛，這樣對病痛的恐懼便不攻自破。決心，會使你相信缺少愛你仍能很好地生活，對美好生活的嚮往和愛，將讓你戰勝失去愛的恐懼。

內心充滿恐懼的人，很容易就會喪失思想和信心，一切目標和行動都會被擱置。更嚴重的是，這種消極心態會影響到周圍所有的人，使其他的人也喪失信心，難有作為。因此，請遠離憂慮。

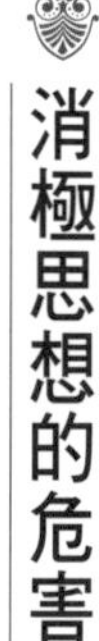

消極思想的危害

恐懼的傳播就像電臺傳送信號一樣，蔓延的範圍很廣。從某個人的心裡傳遞到另外一人的心裡，另外的那個人再傳遞給其他的人……就這樣迅速擴散。

只要是表達過消極或破壞性思想的人，到頭來都會反受其害，自食自己埋下的惡果。哪怕只是在內心想一想，你的心便有被惡劣思想佔據的危險，最終貽害自己。因此你必須謹記以下的內容：

1. 消極思想會破壞你的創造力，使其完全喪失。

2. 常懷消極思想的人會逐漸形成排斥他人的性格，從而處處樹敵。

3. 懷有破壞性思想的人，不僅會危害他人，而且還有毀滅自身的危險。

如果你期待你的事業獲得最終的成功，那麼平和的心態和遇事波瀾不驚的膽魄，就變得尤為重要。你在努力中如果能夠收穫快樂，那你的事業就會更加一帆風順。這些都是成功者的經驗之談。

你有塑造自我的責任，尤其是內心塑造。要想很好地塑造，就必須掌控自己的內心。掌控了內心之後，你就能夠決定自己的思想和性格，你就是生命的真正主宰了。

控制了自身，你的生活、環境都將隨著你的意願改變而改變。

消極思想是六種恐懼之外的一大禍害，它往往深藏不露，而且生命力頑強。它比那六種恐懼隱藏得更深，也更難以對付，總是在人們不知不覺間就致人於重傷。

擁有財富夢想的人一定要謹防它的侵擾，並且通過本書好好地研究一下自己，看自己是否已受其害，或者檢測一下自己是否容易受其害。如果你懶於分析的話，你就有被它控制的極大危險，那麼你擁有夢想的權力就會被無情剝奪。自我分析時，一定要深刻、詳細；在做自我診斷題時，要認真嚴謹地回答所有問題。當發現自己的缺點時，要儘量嚴苛對待自己。只有這樣，你才能真正地瞭解自己，然後改正缺點，為自己成功奠定好基礎。因為有法律，你足以保護自己不受他人的傷害。但消極思想的毒害是很難避免的，因為它可以時時刻刻攻擊你，你又很難預知它的存在，讓你防不勝防。又因為它的經驗豐富，攻擊方式多樣，你一旦被它攻擊，就會毫無招架之力。

如何抵禦消極思想的侵害

為了預防消極情緒的影響，你不得不依靠你的意志力。憑藉意志力，努力在內心築起一座抵抗消極情緒影響的堡壘，使你的內心百毒不侵。

認清自己是否易受六種恐懼和消極思想的影響，據此培養自己抑制恐懼和消極思想的習慣。

認清自己所處的環境，當發現自己周圍的環境充斥了失望、頹廢等消極情緒時，就要果斷地遠離與此相關的人或環境，以免受其影響。

檢查一下你的藥箱，最好扔掉你全部的藥，不要為自己的感冒、病痛或疑心病等找到退路。我們往往因為有了外在依賴，而放鬆對危害的警惕。疾病也是這樣，當你因為有了一大堆藥的保護而有恃無恐的時候，疾病便有了可乘之機。

謹慎擇友，最好選擇能夠給予你信心，並鼓舞你獨立思考的人。

不要因煩惱而產生悲觀失望的情緒，避免出現自尋煩惱的不幸結果。

我們每個人幾乎都存在一個弱點：缺少對消極思想的明辨能力。生活中，我們總是失去警覺之心，放鬆對消極情緒的警惕。更糟糕的是，即使發現消極思想在吞噬自己，也往往沒有了還擊能力，因為它已經成為你難以根除的思維習慣。

為了助你更加瞭解自己，我特意準備了以下的自我分析、診斷題。請認真嚴謹地回答所有問題，因為它們可以幫助你認清自己。

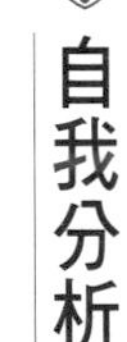

自我分析、診斷題

1. 你會經常感覺心情不好嗎？如果是的話，為什麼？
2. 你會常常因小事而發脾氣嗎？又經常因此找他人麻煩嗎？
3. 你的工作常發生差錯嗎？如果是的話，為什麼？
4. 你的講話總帶有諷刺或調侃的口氣嗎？
5. 你是否總刻意逃避與他人交往？如果是的話，為什麼？
6. 你常常有消化不良的苦惱嗎？如果是這樣，你覺得原因是什麼？
7. 你是否產生過人生虛無或前途無望的念頭？
8. 你熱愛你目前的工作嗎？如果不，那你熱愛的工作是什麼？為什麼？
9. 你是否有自我崇拜或欣賞？如果是的話，為什麼？
10. 對比自己優秀的人，你是否會心生嫉妒？
11. 成功與失敗，哪一個你思考得更多？
12. 因年齡增長，你是增強信心還是喪失信心？
13. 你曾在失敗或錯誤中吸取過教訓嗎？

14. 你的親戚或朋友，他們是否曾讓你很苦惱？如果是的話，為什麼？
15. 你是否時憂時喜？
16. 能夠給予你最大鼓勵的人是誰？原因是什麼？
17. 你是否能夠忍受消極情緒的影響？
18. 你在意你的外表嗎？你對注重或不注重外表的人有什麼看法？
19. 你是否擁有以忙碌遺忘苦惱的能力？
20. 假如你事事交由他人為你考慮，你是否會接受「缺乏主見的弱者」的稱號？
21. 你是否經常放任自己，使自己的脾氣越來越壞？
22. 目前困擾你的事情多嗎？你是否能夠忍受？
23. 你是否曾依靠酒精、麻醉藥或香菸等鎮定精神？如果是這樣，你為什麼沒有運用自己的意志力？
24. 有人曾對你嘮嘮叨叨過嗎？有的話，為什麼？
25. 你是否有明確而清晰的目標？有的話，是什麼？另外，你有沒有實現它的合理計畫？
26. 你是否受過六種恐懼之害？如果是，有哪些恐懼？

27. 對於避免他人的消極影響，你有什麼妙招？
28. 你是否曾運用自我暗示為自己營造積極的心態？
29. 財富與掌控思想，兩者你更看重哪一個？
30. 你是否容易受他人的影響，卻不相信自己的判斷？
31. 今天，你是否感覺到自己的知識有所增長或心態良好？
32. 在遭遇困境時，你是選擇坦然面對？還是選擇逃避責任？
33. 你是否會經常分析自己的錯誤或失敗，以從中獲得教訓？或者對錯誤或失敗持「這不是我的錯」的心態？
34. 你能否寫出自己三個最大的缺點以及改正這三個缺點的確切方法？
35. 你是否贊同他人以傾訴苦惱取得你的同情的行為？
36. 面對困難時，可曾選擇過對你有利的經驗？
37. 在日常交往中，你給予他人的消極影響是不是很多？
38. 他人的什麼習慣最令你苦惱？
39. 你做事時經常有自己的主見嗎？
40. 你是否能夠積極營造一種心態，以避免自己陷於困境？

41.從你的職業中，你能否獲得信心或希望？
42.你覺得你自己是否有足夠的精神力量可以戰勝所有恐懼？
43.你的宗教信仰對你獲得積極心態是否有幫助？
44.你把分擔他人的煩惱看作是一種義務嗎？如果是的話，為什麼？
45.你是否相信「物以類聚，人以群分」的道理？如果相信的話，就分析一下你的朋友，看他們對你是否有所瞭解？
46.和你交往最密切的人，和你是什麼關係？你們之間有過什麼不愉快嗎？
47.有人認為：甲和乙雖然是朋友，但假如甲給乙帶來消極影響，乙就應該果斷地遠離另一方。你贊同這樣的看法嗎？
48.你怎樣衡量他人是否對你有益？
49.經常與你交往的朋友的心態是否比你好？
50.工作、睡眠、娛樂、學習知識、白白消耗，這幾項每天各佔用你多少時間？
51.在你熟悉的人當中，鼓舞你、給你信心的人有多少？時常警醒你的有多少？經常讓你喪氣的人有多少？各自所占的比例又是多少？
52.你覺得你最大的苦惱是什麼？你是否可以忍受？原因是什麼？

53.當他人向你提供建議時，你是直截了當地接受，還是剖析一下他人的動機以後再作決定？

54.試問一下自己最大的夢想是什麼？你是否真的願意實現這一夢想，並把實現它凌駕於一切之上？你是否正為此執著努力著？假如你正在行動，每天花費多少時間？

55.你的決心會經常動搖嗎？如果是的話，為什麼？

56.你做事是否經常有始無終？

57.他人的職位、學位、地位、頭銜等會影響你對他們的看法嗎？

58.你一般能夠接受他人對你的看法、態度嗎？

59.你會去迎合地位比你高的人嗎？

60.你認為時下最偉大的人是誰？你認為他哪些方面尤為優秀？

61.你用多久時間回答完這些問題？你是否有誠意？

如果你很誠實和認真地回答完了這些問題，那你一定會更加瞭解和看清自己。這些問題你要每週都仔細地復習一下，你將會受益無窮。

除此之外，你最好請教一下你的朋友，借用旁觀者的角度能更加看清自己，從而將自己分類。

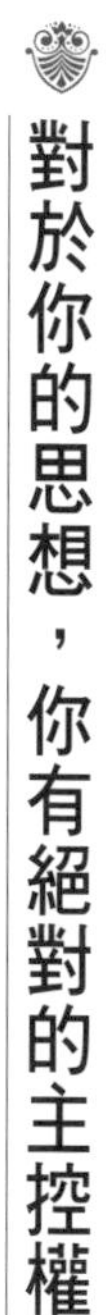

對於你的思想，你有絕對的主控權

你完全能夠控制的事物，唯有你的思想，這是人所共知的、永恆不變的事實。這是人類神聖的能力，借由它，我們才得以掌握自己的命運，而不再是聽天由命。如果你連你的思想都不能支配，你將無法掌控任何事物，而你的人生從此將處處受阻。

難以解決的是，法律對那些有意或無意以消極暗示殘害他人心理的人，並不起任何作用。而正因為這些殘害，使人們喪失了以法律保護生命財產的權力和機會。

心懷消極悲觀想法的人，總想著否定他人的創意或見解，試圖使他人按照他的想法行事。例如，有一個消極悲觀的人曾否定愛迪生創造記錄人類聲音的機器的計畫。他們的否決理由相當可笑：「從來沒有過這樣的機器。」愛迪生才不相信他呢，因為他堅信：只要是內心所設想出並確信的，一定能夠製造出來。

有一個消極悲觀的人曾不贊成伍爾渥茲開商店，認為他如果經營商店的話，一定會破產。伍爾渥茲同樣不相信這樣的人說的話，他只相信：事情如果合理，並有信心的支援，一切願望都會實現。最終他的事業成功了，從中獲得的財富竟達數億美元。

福特在試駕第一輛汽車時，就曾受到他人的蔑視和嘲笑。他人都認為，這東西沒有實用價值，或認為沒有人會願意花錢買這堆廢鐵。然而福特堅定地說：「它可以帶著我飛馳世界。」最終他做到了。請記住：福特與普通工人的唯一差別僅僅在於是否掌控自己的思想或心智。大多數人的悲哀在於擁有思想或心智，但卻沒有發現它或者沒有掌控它。

自我約束和行為、思維習慣，都能決定你是否會掌控思想或心智。你與思想或心智之間不會存在妥協，結局只能是僅有一方取得勝利，而勝利的一方會完全控制失敗的一方。掌控思想或心智的一個實用的辦法是：無論你做什麼事，你的行為都要有明確而具體的目標。所有成功人士或偉大的人物的經歷都說明，只有掌控思想或心智，才是勝利的開始。依靠這種由掌控思想得來的力量，必定會使你向自己的明確目標發展，你內心的渴望、夢想就會逐步透露出成功的光芒，朝著自己的目標前進吧！

五十五種藉口

沒有成就的人或不成功的人，有一個顯著的共性：深知失敗的原因，並為失敗準備了充足的藉口。

有些藉口或許是機智的，有些還有些道理，但藉口終歸是藉口，並不能發揮金錢的作用。外界只注目和關心一件事，那就是：你成功了嗎？

曾有一位性格心理專家寫下了一張藉口清單，列舉了人們最常用的藉口。在你讀它的時候，要好好地反省自己，儘量指出與你常用的藉口相同的部分，謹記在心，然後改正。當你認清自己的缺點時，你就會向好的方向發展。

五十五種藉口是：

假如我沒有家庭的牽絆……

假如我有更多的人脈……

假如我有足夠的錢……

假如我受過良好的教育……

假如我有一份好的工作……

假如我的身體健康……

假如我有足夠的時間……

假如我趕上好時機……

假如他人都能夠理解我……

假如周圍的情況不同……

假如有來生……

假如我不在乎被人說什麼……

假如那個機會屬於我……

假如現在我能有機會……

假如他人不恨我……

假如我不會遇到任何阻礙……

假如我還年輕……

假如我能聽命於自己的想法……

假如我天生富有……

假如我能得到貴人的幫助……

假如我擁有他人的智慧……

假如我能維護自己的權利……

假如我沒有失去以前的機會……

假如沒有人糾纏我……

假如做家務和照顧孩子等事情我都可以不做……

假如我有存款……

假如老總賞識提拔我……

假如有人幫我一把……

假如我的家人原諒我……

假如我生活在城市裡……

假如我能早點……

假如我沒有任何束縛……

假如我擁有他人那樣的性格……

假如我不是很胖……

假如他人知道我的能力……

假如我很幸運……

假如我能負責任……

假如我不曾失敗……

假如我瞭解秘訣……

假如所有人都贊成我……
假如我沒有後顧之憂……
假如我選對結婚對象……
假如我不奢侈……
假如他人容易合作……
假如我能夠相信自己……
假如我很幸運……
假如我不是從小命苦……
假如我可以獲得更多安慰……
假如我不用那麼辛苦……
假如我沒有負債……
假如我的生活境況好些……
假如我沒有過去那段不幸的生活……
假如我有一份事業……
假如他人能夠聽從我的建議……

假如……

朋友啊，你還有什麼藉口呢？這裡的每一個藉口都在說明你是個軟弱的人。趕緊行動吧，敢於正視自己，不要再為自己的軟弱尋找任何藉口啦！

編造藉口，掩飾自己的失敗，是成功總不曾出現的根源所在。尋找藉口的歷史和人類的歷史一樣久遠，是人類難以根除的不良習慣。尤其是在掩飾自己的弱點或缺點的時候，更加難以改變。對此，柏拉圖說：「我們最大的勝利是征服自己，而最大的不幸是被自己打敗。」

還有一位哲學家持相同的看法，他認為：「他人最醜惡的一面呈現在我面前的時候，我會因它和我的本性的一致性而倍感驚訝。」艾樂勃．赫巴德說：「為什麼人們總是願意費那麼多精力和時間，以藉口掩蓋自己的弱點，這不是在自欺欺人嗎？如果把精力和時間用在改善弱點上，那藉口便不復存在了。」

請允許我提醒你——親愛的讀者，生命的歷程就猶如一場棋局，你唯一的對手就是時間，假如你優柔寡斷或行動遲緩，你的每一步棋都會陷入被動，最後你的棋子會被全部吃光。你可要小心，你的敵人可是個兇險狡詐的對手。

往昔的你或許有一大堆藉口阻礙你追逐並實現自己的夢想，但現在你能夠拋開一切藉口了，因為打開財富之門的萬能鑰匙已經緊緊握在你的手中了。

無形的萬能鑰匙，是擁有非凡力量的。記住，它可是你實現渴望的金手杖。運用它，你不會遭受懲罰；不運用它，你將付出慘痛的代價，這代價便是失敗。運用了它，你會獲得極大的益處。能夠征服自我的人，對生命有所求的人，都能夠獲得這種滿足。

這樣的益處和回報絕對值得你盡心盡力去追求。親愛的讀者朋友們，你願意為此努力嗎？請相信我，也請相信自己。成功終會降臨，巨大的財富即將屬於你。

偉大的愛默生曾說：「如果我們有緣，定會相見。」我想借用他的話說一句：「如果我們有緣，借助本書，我們已經相見。」

Intelligence 09

思考致富——鑄造富豪的13級成功階梯

金塊文化

作　　者：拿破崙·希爾
譯　　者：夢瑤
發 行 人：王志強
總 編 輯：余素珠
美術編輯：JOHN平面設計工作室

出 版 社：金塊文化事業有限公司
地　　址：新北市新莊區立信三街35巷2號12樓
電　　話：02-2276-8940
傳　　真：02-2276-3425
E-mail：nuggetsculture@yahoo.com.tw

匯款銀行：上海商業儲蓄銀行 新莊分行（總行代號◎011）
戶　　名：金塊文化事業有限公司

總 經 銷：商流文化事業有限公司
電　　話：02-2228-8841
印　　刷：大亞彩色印刷
初版一刷：2015年12月
定　　價：新台幣199元

ISBN：978-986-91583-7-4(平裝)
如有缺頁或破損，請寄回更換

國家圖書館出版品預行編目資料

思考致富：鑄造富豪的13級成功階梯 / 拿破崙.希爾作；夢瑤譯.
-- 初版. -- 新北市：金塊文化, 2015.12
208 面；15 x 21 公分. -- (Intelligence；9)
譯自：Think and grow rich
ISBN 978-986-91583-7-4(平裝)
1.職場成功法
494.35　　　104025515

金塊文化